京華通覽

历史文化名城

主编／段柄仁

北京实業史略

于虹／编著

北京出版集团公司
北 京 出 版 社

图书在版编目（CIP）数据

北京灾害史略 / 于虹编著. — 北京 ：北京出版社，2018.3
（京华通览 / 段柄仁主编）
ISBN 978-7-200-13865-8

Ⅰ. ①北… Ⅱ. ①于… Ⅲ. ①自然灾害—历史—北京 Ⅳ. ①X432.1

中国版本图书馆CIP数据核字（2018）第017621号

审 图 号 京S（2013）034号

出版人 曲 仲
策　划 安 东 于 虹
项目统筹 董拯民 孙 菁
责任编辑 李更鑫
封面设计 田 晗
版式设计 云伊若水
责任印制 燕雨萌

北京灾害史略
BEIJING ZAIHAI SHILUE
于虹 编著

北京出版集团公司
北 京 出 版 社　出版

*

（北京北三环中路6号）
邮政编码：100120

网　址：www.bph.com.cn
北京出版集团公司总发行
新 华 书 店 经 销
天津画中画印刷有限公司印刷

*

880毫米×1230毫米 32开本 7印张 143千字
2018年3月第1版 2022年11月第3次印刷

ISBN 978-7-200-13865-8
定价：45.00元

如有印装质量问题，由本社负责调换
质量监督电话：010-58572393

序

PREFACE

擦亮北京“金名片”

段柄仁

北京是中华民族的一张“金名片”。“金”在何处？可以用四句话描述：历史悠久、山河壮美、文化璀璨、地位独特。

展开一点说，这个区域在70万年前就有远古人类生存聚集，是一处人类发祥之地。据考古发掘，在房山区周口店一带，出土远古居民的头盖骨，被定名为“北京人”。这个区域也是人类都市文明发育较早，影响广泛深远之地。据历史记载，早在3000年前，就形成了燕、蓟两个方国之都，之后又多次作为诸侯国都、割据势力之都；元代作为全国政治中心，修筑了雄伟壮丽、举世瞩目的元大都；明代以此为基础进行了改造重建，形成了今天北京城的大格局；清代仍以此为首都。北京作为大都会，其文明引领全国，影响世界，被国外专家称为“世界奇观”“在地球表面上，人类最伟大的个体工程”。

北京人文的久远历史，生生不息的发展，与其山河壮美、宜生宜长的自然环境紧密相连。她坐落在华北大平原北缘，“左环沧海，右拥太行，南襟河济，北枕居庸”“龙蟠虎踞，形势雄伟，南控江淮，北连朔漠”。是我国三大地理单元——华北大平原、东北大平原、蒙古高原的交汇之处，是南北通衢的纽带，东西连接的龙头，东北亚环渤海地区的中心。这块得天独厚的地域，不仅极具区位优势，而且环境宜人，气候温和，四季分明。在高山峻岭之下，有广阔的丘陵、缓坡和平川沃土，永定河、潮白河、拒马河、温榆河和蓟运河五大水系纵横交错，如血脉遍布大地，使其顺理成章地成为人类祖居、中华帝都、中华人民共和国首都。

这块风水宝地和久远的人文历史，催生并积聚了令人垂羡的灿烂文化。文物古迹星罗棋布，不少是人类文明的顶尖之作，已有1000余项被确定为文物保护单位。周口店遗址、明清皇宫、八达岭长城、天坛、颐和园、明清帝王陵和大运河被列入世界文化遗产名录，60余项被列为全国重点文物保护单位，220余项被列为市级文物保护单位，40片历史文化街区，加上环绕城市核心区的大运河文化带、长城文化带、西山永定河文化带和诸多的历史建筑、名镇名村、非物质文化遗产，以及数万种留存至今的历史典籍、志鉴档册、文物文化资料，《红楼梦》、“京剧”等文学艺术明珠，早已成为传承历史文明、启迪人们智慧、滋养人们心灵的瑰宝。

中华人民共和国成立后，北京发生了深刻的变化。作为国家首都的独特地位，使这座古老的城市，成为全国现代化建设的领头雁。新的《北京城市总体规划（2016年—2035年）》的制定和中共中央、国务院的批复，确定了北京是全国政治中心、文化中心、国际交往中心、科技创新中心的性质和建设国际一流的和谐宜居之都的目标，大大增加了这块“金名片”的含金量。

伴随国际局势的深刻变化，世界经济重心已逐步向亚太地区转移，而亚太地区发展最快的是东北亚的环渤海地区、这块地区的京津冀地区，而北京正是这个地区的核心，建设以北京为核心的世界级城市群，已被列入实现“两个一百年”奋斗目标、中国梦的国家战略。这就又把北京推向了中国特色社会主义新时代谱写现代化新征程壮丽篇章的引领示范地位，也预示了这块热土必将更加辉煌的前景。

北京这张“金名片”，如何精心保护，细心擦拭，全面展示其风貌，尽力挖掘其能量，使之永续发展，永放光彩并更加明亮？这是摆在北京人面前的一项历史性使命，一项应自觉承担且不可替代的职责，需要做整体性、多方面的努力。但保护、擦拭、展示、挖掘的前提是对它的全面认识，只有认识，才会珍惜，才能热爱，才可能尽心尽力、尽职尽责，创造性完成这项释能放光的事业。而解决认识问题，必须做大量的基础文化建设和知识普及工作。近些年北京市有关部门在这方面做了大量工作，先后出版了《北京通史》（10卷本）、《北京百科全书》（20卷本），各类志书近900种，以及多种年鉴、专著和资料汇编，等等，为擦亮北京这张“金名片”做了可贵的基础性贡献。但是这些著述，大多是服务于专业单位、党政领导部门和教学科研人员。如何使其承载的知识进一步普及化、大众化，出版面向更大范围的群众的读物，是当前急需弥补的弱项。为此我们启动了《京华通览》系列丛书的编写，采取简约、通俗、方便阅读的方法，从有关北京历史文化的大量书籍资料中，特别是卷帙浩繁的地方志书中，精选当前广大群众需要的知识，尽可能满足北京人以及关注北京的国内外朋友进一步了解北京的历史与现状、性质与功能、特点与亮点的需求，以达到“知北京、爱北京，合力共建美好北京”的目的。

这套丛书的内容紧紧围绕北京是全国的政治、文化、国际交往和科技创新四个中心，涵盖北京的自然环境、经济、政治、文化、社会等各方面的知识，但重点是北京的深厚灿烂的文化。突出安排了“历史文化名城”“西山永定河文化带”“大运河文化带”“长城文化带”四个系列内容。资料大部分是取自新编北京志并进行压缩、修订、补充、改编。也有从已出版的北京历史文化读物中优选改编和针对一些重要内容弥补缺失而专门组织的创作。作品的作者大多是在北京志书编纂中捉刀实干的骨干人物和在北京史志领域著述颇丰的知名专家。尹钧科、谭烈飞、吴文涛、张宝章、郗志群、姚安、马建农、王之鸿等，都有作品奉献。从这个意义上说，这套丛书中，不少作品也可称“大家小书”。

总之，擦亮北京“金名片”，就是使蕴藏于文明古都丰富多彩的优秀历史文化活起来，充满时代精神和首都特色的社会主义创新文化强起来，进一步展现其真善美，释放其精气神，提高其含金量。

2017 年 11 月

目录

CONTENTS

概　述

北京是我国首都，也是自然灾害发生较多的都城之一，在古代典籍中，对北京地区所发生的自然灾害多有记述。其中既有自然灾害给人类社会所带来的巨大破坏，也有人类为防御自然灾害所采取的各种措施及所取得的客观效果与经验。

北京地区历代发生的自然灾害不仅次数频繁，而且灾种繁多，曾给人民的生命财产造成巨大损失，其中尤以水灾、旱灾和地震威胁最大。

中华人民共和国成立后，虽然党和国家采取了一系列减灾防灾措施，在一定程度上减轻了灾害所造成的损失，但自然灾害一直是经济建设和人民生活的严重威胁。1978 年以后，伴随北京城市建设的快速发展、国际交往的增多，除原有的自然灾害之外，又出现了热岛效应、光污染、温室效应、雾霾以及输入性传染病和生物病虫害等新灾种，形成新的灾害源。

北京自然灾害发生的原因与其所处的自然地理环境及所拥有的地质构造条件有着密切关系。北京大区域范围位于欧亚大陆东缘，背靠内蒙古高原，面向华北大平原，左望渤海，右拥太行，属于暖温带大陆性半干旱半湿润季风气候区。西部、北部和东北部为山地，分别属于太行山山脉与燕山山脉。山峰多在800 ~ 1500 米之间，最高山峰达 2303 米。三面山体使北京的西部与北部形成一道弧状天然屏障。中部、南部和东南部为平原，海拔多在 50 米以下。山地约占全市面积的 2/3，平原约占全市面积的 1/3，地势走向西北高、东南低。特殊的地理因素决定了北京的气候条件比较复杂，其主要特征是冬季寒冷干燥，冬、春季多大风，易形成春旱；夏季炎热多雨，雨量高度集中于七八月份，且多暴雨。北京地区发生的气象灾害、生物灾害和某些地质灾害都与北京复杂的地理环境因素和气候条件有关。

北京正处于环太平洋地震带的附近，这成为北京与华北地区频繁发生地震活动的主要原因。该地震带是全球地质构造活动最为活跃的地区，全球 75％的活火山和历史火山都分布在这条环状地带上，80％以上的地震，2/3 的海啸、风暴潮，以及大量的地质灾害和海岸带灾害也都集中在这一区域；此外，北京所处的华北地区正处于新构造活跃期，华北断陷盆地仍在不断下沉，从而造成华北地区比东北地区、华南地区的构造地震活动更趋频繁和强烈。

北京位于太行山山脉北端，东近渤海，正处于沿海灾害带和山前灾害带的交接部位。灾害的叠加往往使北京地区的灾情更趋严重。

按照地理条件，北京的自然灾害可分为山区和平原两大区域。由于地理条件的不同，使两个区域自然灾害种类的构成也有明显差异。

山区发生的主要灾害包括旱、风、冻、雹、山洪、崩塌、滑坡、泥石流、水土流失、矿山地面塌陷、岩爆和森林病虫害等。山区又可分为西北部多灾区、北山灾害多发区和西山灾害多发区。

平原区灾害主要包括地面沉降、地裂缝、洪灾、旱灾、水资源枯竭、种植业生物病虫害等灾害。平原又可分为平原旱、涝和农作物病虫害多发区，市区多灾害发生区和东南郊易旱涝、沉降区。

特殊的地理环境与复杂的地质条件使北京地区的自然灾害种类繁多，主要有气象灾害、地质灾害与生物灾害几大类。其中气象灾害包括暴雨、雨涝、干旱、干热风、热浪、冷害、冻害、冻雨、结冰、雪害、雹灾、风灾、龙卷风、沙尘暴、雷电、连阴雨、浓雾等。气象灾害是北京最主要的自然灾害，占全部自然灾害的70%以上。

地质灾害包括地震、泥石流、地面塌陷、地面沉降和崩塌、滑坡、地裂缝、沙土液化、水土流失、土地沙化等灾害。

生物灾害包括病虫害、蝗灾、鼠害、瘟疫等农作物生物灾害、养殖业生物灾害和林业生物灾害。

在上述灾害中，以旱灾、水灾、地震灾害给北京所造成的破坏最为严重，其次是低温冷害、雹灾、泥石流、地面塌陷、地面沉降、虫害与瘟疫等。

旱灾是北京地区出现频率最高的自然灾害。旱灾发生后，一般都具有持续时间长、受灾范围广的特点，所以对农业生产的危害尤为严重。北京春季和初夏最易发生干旱。在地区分布上，平原区比山区更易干旱。干旱的发生具有比较明显的周期性，明、清两代及民国时期发生的旱灾相当严重，在明代的 276 年中，干旱年有 162 年，平均不到两年就有一年发生旱灾。其中，特大旱灾有 14 年、重大旱灾有 63 年、一般旱灾有 85 年。清代入关后共 268 年，发生旱灾 160 年，其中特大旱灾 4 年，重大旱灾 69 年，一般旱灾 87 年。民国期间，有 18 年发生旱灾，平均约两年中就有一年发生旱灾。北京的春旱极为频繁，冬季无雪现象也常常出现，旱灾频率明显大于涝灾。旱灾常伴有严重的风沙和蝗灾，例如明嘉靖二年（1523 年）就是少有的特大干旱年，是年冬季无雪，入春后“风霾大作”，黄沙蔽天，数月无雨，连续 3 个季度的干旱使农作物大片枯死，结果造成田地荒芜、饥民流离。明嘉靖三年（1524 年），又是一个干旱年并伴随蝗灾。连续两年干旱，京城内外饥饿和冻死者到处可见。

明代的旱灾有 8 个高发期：共发生特大旱灾 9 次，大旱灾 50 次，一般旱灾 60 次。

中华人民共和国成立后，北京旱灾发生的频率仍然很高，从 1949 年至 2000 年，发生旱灾的年份达 29 年。其中严重和比较严重的旱灾有 11 年，一般旱灾 18 年。特大旱灾的两年是 1999 年至 2000 年。1999 年受灾面积 198 万亩，成灾面积 80 万亩，绝收 22 万亩；2000 年受灾面积 248 万亩，成灾面积 80 万亩，绝收 22 万亩。20 世纪 60 年代以后，气候变化的总趋势是偏旱，降水量减少，但因大力兴修水利，旱灾所带来的损失反而减少。

水灾是北京地区出现频率较高而危害最严重的自然灾害之一。据统计，自元代至今，平均每2~3年就发生一次水灾。连续2年、3 年、4 年的水灾也常出现，最多时可连续 10 年出现水灾。根据明清时期的历史资料，两个朝代的洪涝灾害相当严重，各有 4 个水灾群发期。在明代的 276 年中，水灾年有 104 年，特大水灾次数多达 9 次。清代入关后的 268 年中，水灾年有 128 年。特大水灾虽只有 5 次，但发生过一次连续 9 年，即光绪二十九年至宣统三年（1903—1911 年）；两次连续 10 年，一次是同治十年至光绪六年（1871—1880 年），另一次是光绪十八年至光绪二十七年（1892—1901 年）的大水灾，时间之长实不多见。所以明清两代，北京地区河流决堤、泛滥成灾的情况非常严重。清代永定河发生灾害 36 次，潮白河 34 次，北运河 40 次，大清河水系 20 次，蓟运河水系 10 次，永定河、潮白河、北运河等河流已成为北京地区安全的重大威胁。

在多发期内，水灾发生频率较高，一般两年一次，甚至还会出现连续发生的年份；严重水灾和特大水灾也较多，水灾高峰年相对比较集中。

中华人民共和国成立后，1949 年至 2000 年，较严重水灾（受灾面积 100 万亩以上）有 12 年。20 世纪 50 年代至 60 年代前期水灾较严重。50 年代有较严重水灾 7 年；60 年代有 3 年；70 年代和 90 年代各有 1 年。因 60 年代后气候偏旱，降水量减少，再加上长期兴修水利，洪涝灾害明显减少。

地震是严重威胁北京安全的另一个自然灾害。历史上有关北京及邻近地区所发生地震的记载即有数百次之多，其中包括 6 级以上的强烈地震。北京地区地震灾害所造成的损失并不小于水灾和旱灾。清康熙十八年（1679 年）发生的三河—平谷 8 级大地震，对北京城和北京市民来说更是一场深重的灾难，伤亡人数达数万之多。此外，辽清宁三年（1057 年）和清雍正八年（1730 年）的地震所造成的损失也都很惨重，死亡人数均为两万多人。

中华人民共和国成立后，在北京周围又相继发生了 1966 年 3 月 8 日的邢台 6.8 级地震、1969 年 7 月 18 日的渤海 7.4 级地震，特别是 1976 年 7 月 28 日，唐山 7.8 级地震发生之后，对北京影响最大，致使数万间房屋倒塌、毁坏，199 名市民丧生。预防地震已成为北京减灾防灾的一项艰巨任务。

北京的风灾比较严重，平均每年有 30 ~ 40 天大风天气。春季和冬季大风天数大体相当，都是 15 天左右，夏季和秋季大风天数也大体相当，都是 7 天左右。大风灾害几乎年年都有。大风引起的灾害范围较大，有时达几个区县或 10 多个区县，甚至是全市性的灾害，但以山区区县为主。如昌平、门头沟和石景山区每年的大风日达 30 ~ 31 天。春季的大风往往引起沙尘暴，遮天蔽日，由于能见度低，甚至可造成交通停顿。

台风是重要灾害之一，受其影响，在北京地区往往形成暴雨，成为造成洪涝灾害的直接因素。灾害主要发生在山前迎风坡一带，它所引发的山洪、泥石流灾害，突发性强，很难预防。

冰雹也是北京地区的严重气象灾害。年平均降雹日数达21天，成灾日数1～3天。冰雹的危害范围变化较大，受灾面积涉及几个区县或十几个区县，平均每年受灾耕地39.8万亩，直接经济损失达几千万元。

泥石流、滑坡和崩塌等灾害是北京地区的严重灾害，具有突发性强、危害大、损失严重的特点。1949年至2000年，北京有20个年度发生过泥石流灾害，平均2.55年一次。造成的死亡人数达529人，超过了同期其他任何一种自然灾害。灾害主要发生在密云、怀柔、昌平、门头沟和房山等山区，西山采煤区地面塌陷和平原区地面沉降也比较严重。

北京的生物灾害种类繁多，灾害频繁。历史上曾多次发生生物灾害而造成农作物毁种、绝收，或养殖业受重创，从农作物生物灾害看，病、虫、草、鼠四大类灾害比较严重，而病害、草害所造成的问题比虫害和鼠害更加突出。

北京地区的自然灾害之间存在着一定的相关性。由于北京的地理环境、地质环境与地质条件比较复杂，所以北京地区发生的灾害往往会形成灾害链，即一种或几种灾害发生之后往往伴生出一系列次生灾害，从而造成更大的人员与经济损失，其中大灾或特大灾害引发次生灾害的概率更高。由于多种灾害同时发生，造成的损失更为严重，有些次生灾害的发生甚至比主要灾害还要严重。

就地区而言，北京的自然灾害有着明显的区域差异，同一种自然灾害有的地区多，有的地区少；有的地区危害大，有的地区危害小，因此不同区域的减灾防灾重点各有侧重。北京市区防灾减灾的重点是防震，地震的破坏对北京的威胁最大；通州、大兴、丰台、顺义、石景山、房山等地区特别注意河流泛滥与防洪；延庆冰雹的危害不容忽视；而房山、门头沟、怀柔、平谷、密云等山区对山洪、泥石流、山体滑坡等灾害应尤为注意；平原地区警惕的重点则是旱灾。

伴随北京现代化建设的发展，北京地区的自然灾害出现了某些新的趋向，使自然灾害与人为行为产生的灾害界限日趋模糊。如地面塌陷、地面沉降等灾害原都属于典型的自然灾害，但随着北京经济建设的发展，地面塌陷、地面沉降等灾害的发生原因除自然因素之外，人为因素的影响越来越大，矿物采掘所造成的地下空洞甚至已成为地面塌陷、地面沉降产生的主要因素。中华人民共和国成立后，由于城市的扩展与人口的增加，北京郊区的植被受到破坏，长期过分的森林砍伐造成水土大量流失，加速了土地沙化，使泥石流、山体滑坡等灾害也呈增加之势。大量开发利用地下水，破坏了水的生态环境，水位和水质下降，总硬度和氮氧化物含量升高，部分水体已不能饮用，地下水的开发又进一步造成地面发生沉降。即使在城市内部，伴随城市建设的快速发展所形成的灾害同样不能忽视。沥青和水泥路面形成大范围不透水层，改变了城市水文结构，20 世纪 50 年代，北京地表流动的雨水占总雨量的 40%，到 80 年代剧增至 80%，地表水排泄不畅，遇到一场大雨就会出现大面积积水，造成水害。夏季，城市道路产生的热岛效应给人们的生活与工作带来新的不便。城市的迅速扩大、高层建筑物的大量出现，导致城市风速减小，减弱了大气的自净能力，加重了北京城市的大气污染。在特定条件下，建筑物之间还会产生“狭管效应”，造成城市风灾。社会经济的发展造成能源消费剧增，结果加剧了城市的空气污染。这些都给北京的发展带来了新的问题。因此，加强科学研究，采取必要的防范措施，趋利避害，把自然灾害与人为灾害所造成的损失减少到最低程度，已成为北京减灾防灾工作的重要任务。

减灾防灾工作是政府的重要职责，也是保护人民生命财产、维护国家与地区的社会稳定和经济正常发展的重要措施。辽金之后，为保护北京安全，历代政权对北京的减灾防灾都表现出了一定程度的重视，并采取必要防范措施，以减少灾害损失。在古代，为防御自然灾害，北京地区采取最多、最有成效的措施是水利建设。如战国时期燕国开凿的督亢灌渠；三国魏时期兴建戾陵堰，开凿车箱渠，引永定河水灌溉蓟城以北地区的耕地；元代开凿通惠河以通漕运，这些都是北京历史上的著名水利工程。这些工程对保护北京城、发展农业生产发挥了重要作用。但总体上看，古代由于受生产力发展的制约，人类抗御自然灾害的能力还很有限，对自然灾害一般都是被动应对，而对于大部分灾害基本上束手无策，面对自然灾害的威胁甚至采取祈祷神佛的方式，以求取平安。减灾防灾工作科学、全面地开展主要是在中华人民共和国成立后。

1949 年以后，党和政府对北京灾害防御工作非常重视，并采取了各种必要措施，保障人民生命财产安全，以减少自然灾害所造成的损失。北京的减灾防灾工作以 1978 年为界线，大体可分为前后两个时期。

1949 年至 1978 年，由于国家财力还不充裕，全市还没有形成完整的减灾防灾体系，北京的减灾防灾工作主要集中在水利建设，农业灾害防治，泥石流、气象监测与预报等方面，对于对农业威胁最大的水旱、虫害等灾害尤为重视。

1978 年之前，北京的减灾防灾工作虽然取得了显著成效，但总体说，全方位、多灾种的灾害监测与预防还有很大不足，主要着眼点是救灾，防灾、减灾注意不够，理论探求也比较欠缺，因而防御措施比较薄弱，对灾害的救援与救助水平还比较低。对地震及一些气象、地质灾害的认识还很肤浅，这些灾害一旦发生，仍然会给人民群众的生命财产带来巨大威胁。

1978 年之后，特别是 21 世纪以来，国民经济快速发展，减灾防灾工作的重要性日益凸现。为保护人民的生命财产安全，全面开展社会主义现代化建设，给北京的改革开放提供一个良好的环境保障，减灾防灾工作被提高到新的认识高度，已作为一项基本国策，列入政府工作重要议事日程，减灾防灾工作全面加强，并取得了显著成效。

从 20 世纪 80 年代起，继续贯彻“以防为主”方针，在历次制定的北京城市建设总体规划方案中，减灾防灾工作都被正式列入北京建设总体规划方案。减灾防灾设施实行全市统一规划、统一建设。政府减灾防灾机构与专业机构日趋完善，加强减灾防灾科学研究，使北京的减灾防灾工作走向更加科学有序的道路，减灾防灾能力大为加强。

至 2017 年，永定河、潮白河、北运河、温榆河、拒马河与泃河等河道经过多年整治，不仅大大增强了北京防洪抗旱能力，水害也大为减轻。永定河引水工程与京密引水渠的兴建，使北京城市与工业用水得到保障。

地震监测预报设施逐步完善，“首都圈防震减灾示范区工程项目”的实施，使北京地区地震监测能力大大提高。

为提高灾害防御能力，应对各种突发事件，北京市制定了一系列减灾防灾建筑标准、设计标准以及工业与民用建筑、道路、建筑物、给水排水设施和燃气管道的抗震设计规范，实行新建工程的设防标准，一般工业与民用建筑按 8 度抗震设防。特殊工程或重要部位的工程经批准可按 9 度设防。

对山区泥石流进行全面勘察，调查统计了现有和潜在泥石流沟的现状和分布。对泥石流易发区的部分居民采取了搬迁避险和修建防治工程措施。20 世纪 90 年代以后，北京再未发生过大规模泥石流伤亡事故。

构筑三道绿色生态屏障工程、兴建水源保护林工程、太行山绿化工程、前山风景区爆破整地造林工程与防沙治沙等工程，大大提高了北京地区的绿化程度。

为减轻气象灾害，建成了灾害性天气监测网，其中包括大气探测网、多普勒天气雷达与发送处理系统。实施了人工影响天气工程，建设增雨和防雹作业基地。建成气象灾害警报预报系统，已形成由市内通信、国内基本气象情报传输、国际气象情报交换组成的综合通信系统。建成市级避雷检测中心。

为适应首都改革开放和现代化建设需要，在改革中实行了救灾分级管理体制，为有效应对水、旱、风、雹以及地震等重大自然灾害，减灾防灾救灾机构进一步完善，防灾抗灾救灾一体化工作机制初步形成，灾害快速反应机制及紧急救援能力不断加强，进一步提高了救灾工作的整体水平，有效保证了灾民群众的基本生活，为维护首都改革发展稳定大局发挥了重要作用。

市、区分别成立防汛抗旱指挥部、防震救灾工作领导小组等常设机构，由市区主要领导担任组长，各级发展改革委员会牵头，民政、水利、地质、地震、卫生、财政等30多个部委办局以及驻京部队参加，组成精干的办事机构，统一部署指挥防汛、抗旱、防震等工作。有效提高了自然灾害救助能力，保证了各项防灾、抗灾、救灾工作部署的快速、高效实施。

在计划经济的体制下，北京市的防灾减灾工作主要依据转发国家的一系列法规法令和规定来进行。改革开放之后，随着改革开放的不断深入与社会主义建设的发展需要，国家和北京市陆续颁布了一系列有关减灾防灾救灾法规，如《中华人民共和国公益事业捐赠法》《救灾捐赠管理暂行办法》《北京市破坏性地震应急预案》《北京市救济捐赠管理条例》《中华人民共和国防震减灾法》《中华人民共和国环境保护法（试行）》《中华人民共和国水法》《中华人民共和国防洪法》《北京市实施〈中华人民共和国防震减灾法〉办法》等，使北京的减灾防灾救灾工作逐步走向法制化、有序化。

在“十三五”规划中，充分纳入了防灾减灾体系建设的内容，北京市政府对于建成结构完善、功能先进、适应首都现代化建设和发展需求的，具有世界水平、首都特点的防灾减灾的现代化体系，实现测预报精准化、灾害防御局地化、公共服务人性化、技术装备现代化的“四化”目标给予大力的投入和科学的布局。到“十三五”后期，北京城市运行和大型活动服务保障能力将达到国内领先水平，灾害预报预警能力将达到同期国际先进水平。

洪涝、干旱灾害

北京地区的洪涝灾害，最早可见之于西汉，但辽以前的文字记述大多比较简略，辽金以后才渐趋详细。

北京地区出现频率最高的自然灾害是干旱。旱灾发生后，受灾范围较广，对农业影响比较严重，农作物产量大幅降低。严重旱灾发生后，在历史上甚至还出现饿殍千里，“人相食”的惨剧。

洪涝灾害

西汉时期

对于该时期有关北京地区的洪涝灾害，仅查到几例。

《汉书·五行志》载："文帝后元三年（前161年）秋，大雨，昼夜不绝三十五日……燕坏民室八千余所，杀三百余人。"关于此次水灾有不同意见，按清王念孙据《资治通鉴》《汉纪·文帝纪》，改"燕"为"汉水出"，谓此次严重水灾发生在汉水沿岸，而非燕地。但光绪《顺天府志》仍载入顺天府《详异》之下。

《汉书·五行志》：汉昭帝元凤元年（前80年），"燕王都蓟大风雨，拔宫中树七围以上十六枚，坏城楼"。

《汉书·成帝纪》：鸿嘉四年（前17年），水旱为灾，关东流冗者众，青、幽、冀部尤剧。

另外，在《汉书·五行志》中还有一些洪涝等灾害的记载，亦殃及蓟城地区。如"成帝建始三年（前30年）夏，大水，霖雨三十余日，郡国十九雨，山谷出水，凡杀四千余人，坏官寺民舍八万三千余所"。这次以三辅为中心，涉及19个郡国大霖雨，暴雨洪水当能殃及幽州地区。

东汉至南北朝时期

晋惠帝元康四年（294年），在居庸县（今延庆）附近，因地震造成地裂，地下水涌出引发水灾。据《晋书》卷二十九《五行志下》载：幽州大水。水泉涌出，杀百余人。五年（295年）由于前一年上谷居庸地区地震造成梁山（今石景山）附近戾陵堰堤坝基础受损，以致当年夏六月（西山）洪水暴出，毁损（戾陵堰）四分之三，乘北岸七十余丈，上渠车厢，所在漫溢。史籍中虽没有记载这次洪水造成损失的具体情况，但因戾陵堰以东是平原地区，且是蓟城周围的农业区，其禾苗田舍受损会较严重。

据《中国历代天灾人祸表》载：西晋建兴元年（313年），幽州大水，人不粒食。

《北京志·民政志》载：东晋永和十二年（356年）四月，今北京地区遭水灾，皇帝诏令出粟米二十五万石，降价出粜。

《晋书》卷二十九载:北魏泰常二年（417年），幽州范阳大水。北魏太和九年（485年）八月庚申，颁诏“数州水灾，饥馑荐臻，以致有买卖男女者。如今应买进自太和六年以来定、冀、幽……四州饥民中善良者，尽数还其亲人”。

《北齐书》卷四载:北齐天保九年（558年）秋七月戊申，诏赵、燕、瀛、定、南营五州……去年螽涝损田，兼春夏少雨，苗稼薄者免今年租赋。

《北齐书》：北齐武平六年（575年）八月丁酉，冀、定、赵、幽、沧、瀛六州大水。

隋唐及五代时期

据史料记载，唐贞观二十一年至宣宗大中十二年（647—858年）的212年间，幽州地区发生大的水灾有9个年份。

据《册府元龟》卷一百零五《帝王部·惠民一》载：唐贞观二十一年（647年）八月发生水灾，遍及幽州、易州（今河北易县）等八州之地。唐玄宗开元十四年（726年）九月的大水，遍及八十五州，而以今北京地区和河北最为严重。唐玄宗开元十五年（727年）七月，幽州等三州大水，河水泛滥，漂损居人屋宇及稼穑。唐玄宗开元二十九年（741年）秋季，河北道二十四州（全道共计二十九州）雨水害稼。

据《新唐书》卷三十六《五行志三》记述：唐德宗建中元年（780年），幽州及其以南的镇州等地大水，易水（下游汇拒马河）泛滥，水高丈余，苗稼荡尽。

据《唐会要》卷四十四《水灾下》记载，唐德宗贞元八年（792年）秋季，自江淮以北，直至今河北地区，凡四十余州都发生严重洪水，两万余人丧生，城郭、庐舍、禾稼尽没。幽州都督府所统领的蓟州、檀州、涿州等五州皆平地水深一丈五尺。这次大水灾是由于七月份连降大雨所致。十二月庚寅，颁诏赐予遭水灾的绝粮户粟米三十万石。

《唐书》载：唐宪宗元和元年（806年）夏，幽州大水。唐宪宗元和十二年（817年）六月乙酉，河南、河北大水，洛、邢尤甚，平地二丈，幽州水害稼。唐宣宗大中十二年（858年）八月，河南、河北大水，漂没数万家。八月，魏、幽等州水害稼。

辽 代

据《契丹国志》卷五《穆宗天顺皇帝纪》载，应历二年（952年），幽、瀛、莫三州大水，数十万灾民自辽境南奔，进入后周境内谋生。幽州大水，安次流民入塞者四万口。从被灾区域判断，应是滹沱、拒马、卢沟河下游泛滥所致。

《顺义县志》载：应历三年（953年），南京水。冬，诏令免去当年租赋。

《北京志·民政志》载:保宁八年（976年）二月，南京水灾，遣使赈济。

《辽史》卷十三《圣宗纪四》载：统和元年（983年），“九月丙辰，南京留守奏，秋霖害稼”。统和九年（991年），“六月，南京霖雨伤稼”。

光绪《顺天府志》载：统和十一年（993年）七月己丑，桑干河（今永定河）、羊河（今洋河）溢，在居庸关以西的今河北涿鹿、怀来一带泛滥成灾，包括今北京延庆在内的辽奉圣州（今河北涿鹿），禾稼荡然无存。七月，桑干河溢居庸又给平原地区造成巨大灾害，辽南京居民庐舍多被淹溺。关西，害稼殆尽，南京居民庐舍多垫溺者。次年（994年）正月朔，漷阴镇（今北京通州南）大水，漂溺三十余村。系上年水灾的继续，水灾分别发生在今北京的西北、西南和东南地区，主要是卢沟河（今永定河）和潮白河泛滥所致。

《辽史》卷十五载:统和二十九年(1011年)三月,"庚寅,南京、平州水,赈之"。

光绪《顺天府志》载:太平六年(1026年)二月,南京水。顺义县水。遣使赈济。

光绪《顺天府志》载:清宁二年(1056年)六月,浑河决刘家庄堤。

《辽史》卷二十二《道宗纪二》载:咸雍四年(1068年)"七月,南京霖雨","顺义县霖雨"。

光绪《顺天府志》载:大(太)康七年(1081年)七月,南京霖雨。沙河溢,永清、安次、武清、香河伤稼。八年(1082年)七月,南京霖雨,沙河溢。

《东安县志》载:大安二年(1086年)六月,浑河决刘家庄堤,筑之。

光绪《顺天府志》载:大安八年(1092年)十一月,通州潦水害稼。

据清光绪《昌平州志》卷四记述,大安十年(1094年),昌平淫雨作阴涝灾,伴随疫病流行,以至于饿殍枕藉,死者达三千余人。

光绪《顺天府志》载:寿昌(隆)三年(1097年)二月,南京水。顺义水。四年(1098年)十月,南京水。

金 代

光绪《顺天府志》载：大定九年（1169 年）中都水。大定十七年（1177 年）七月，大雨，卢沟水溢。

《宣化府志》载：大定十八年（1178 年）六月，中都大水。

《北京志·民政志》载：大定十九年（1179 年）秋，中都，西京……水，旱灾害损伤民田十三万七千七百余顷，皇帝诏令蠲免其租税。大定二十一年（1181 年）九月，中都水灾，免交租税。大定二十六年（1186 年）五月，卢沟河复决于上阳村。大定二十七年（1187 年）六月，免中都、河北等路水灾灾民之租税。金廷鉴于卢沟河为害甚剧，考虑塞河费工、效微，乃封卢沟河水神为“安平侯”，以求“平安”。大定二十八年（1188 年）六月，卢沟堤决溃，赦免百姓租税。

水灾比较集中的年份是章宗明昌四年至六年（1193—1195 年），出现了连续三年的洪涝。据《金史》《章宗纪二》《五行志》和《河渠志》载，明昌四年（1193 年）五月霖雨，命有司祈晴。六月，卢沟堤决于玄同口（今石景山至卢沟桥间）至丁村（今大兴区西南）之间。五年（1194 年）七月丙戌，久雨初霁。六年（1195 年）六月丙寅，久雨。

金中都地区还呈现春旱而夏秋涝的特点。《金史》载：章宗明昌三年（1192 年）四月“丙寅，以旱灾，下诏责躬”。五月“甲戌，祈雨于社稷，是日，雨”。可是这场迟到的雨却一发不可收拾，又造成涝灾，故六月“甲寅，以久雨，命有司祈晴”。章宗承安四年（1199 年）“五月壬辰朔，以旱下诏责躬，求直言”。“庚戌，谕宰臣曰：‘诸路旱，或关执政，今惟大兴、宛平两县不雨，得非其守令之过欤？’”直至六月丁卯才降下这年的头一场雨，夏粮近于绝收。但自此以后，雨水连绵不断，少有晴日，又造成涝灾，秋粮无望，故七月“丙辰，以久雨，命大兴府祈晴”。金承安五年（1200 年）春旱，三月“壬戌，命有司祈雨”。同月，中都地区降雨。至五月雨水满足了农业生产的需要，故“乙卯朔……以雨足，遣使报祭社稷”。至六月乙巳，又因雨水过多，“遣有司祈晴”。

元　代

自至元五年至至正二十六年（1268—1366 年），大都地区共有 57 个年份发生轻重不同的洪涝灾害，平均近两年就有一次。其中，连续两年洪涝灾害有 7 次，共 14 年。即至元五年、六年（1268 年、1269 年），至元八年、九年（1271 年、1272 年），大德十年、十一年（1306 年、1307 年），延祐七年、至治元年（1320 年、1321 年），至正十三年、十四年（1353 年、1354 年），至正十七年、十八年（1357 年、1358 年），至正二十五年、二十六年（1365 年、1366 年）。

连续 3 年的有 2 次，即至元二十八年至三十年（1291—1293 年），天历二年至至顺二年（1329—1331 年）。

连续 5 年的有 4 次，共 20 年。即至元二十二年至二十六年（1285—1289 年）、至大四年至延祐二年（1311—1315 年）、至治三年至泰定四年（1323—1327 年）、元统元年至（后）至元三年（1333—1337 年）。

连续 10 年的有 1 次，即元贞元年至大德八年（1295—1304 年）。

明 代

明代，北京地区的洪涝灾害年份有 108 个，平均不到 3 年就有 1 次洪涝灾害。其中连续两年发生洪涝灾害的 11 次，共 22 年。即洪武十年、十一年（1377 年、1378 年），洪武二十三年、二十四年（1390 年、1391 年），永乐四年、五年（1406 年、1407 年），永乐十八年、十九年（1420 年、1421 年），宣德六年、七年（1431 年、1432 年），成化元年、二年（1465 年、1466 年），成化六年、七年（1470 年、1471 年），嘉靖九年、十年（1530 年、1531 年），万历四年、五年（1576 年、1577 年），万历三十二年、三十三年（1604 年、1605 年），万历四十一年、四十二年（1613 年、1614 年）。

连续 3 年发生轻重不同的洪涝灾害有 9 次，共 27 年。即洪武十七年至十九年（1384—1386 年）、永乐十二年至十四年（1414—1416 年）、永乐二十一年至洪熙元年（1423—1425 年）、景泰五年至七年（1454—1456 年）、成化九年至十一年（1473—1475 年）、成化十三年至十五年（1477—1479 年）、弘治元年至三年（1488—1490 年）、正德十四年至十六年（1519—1521 年）、

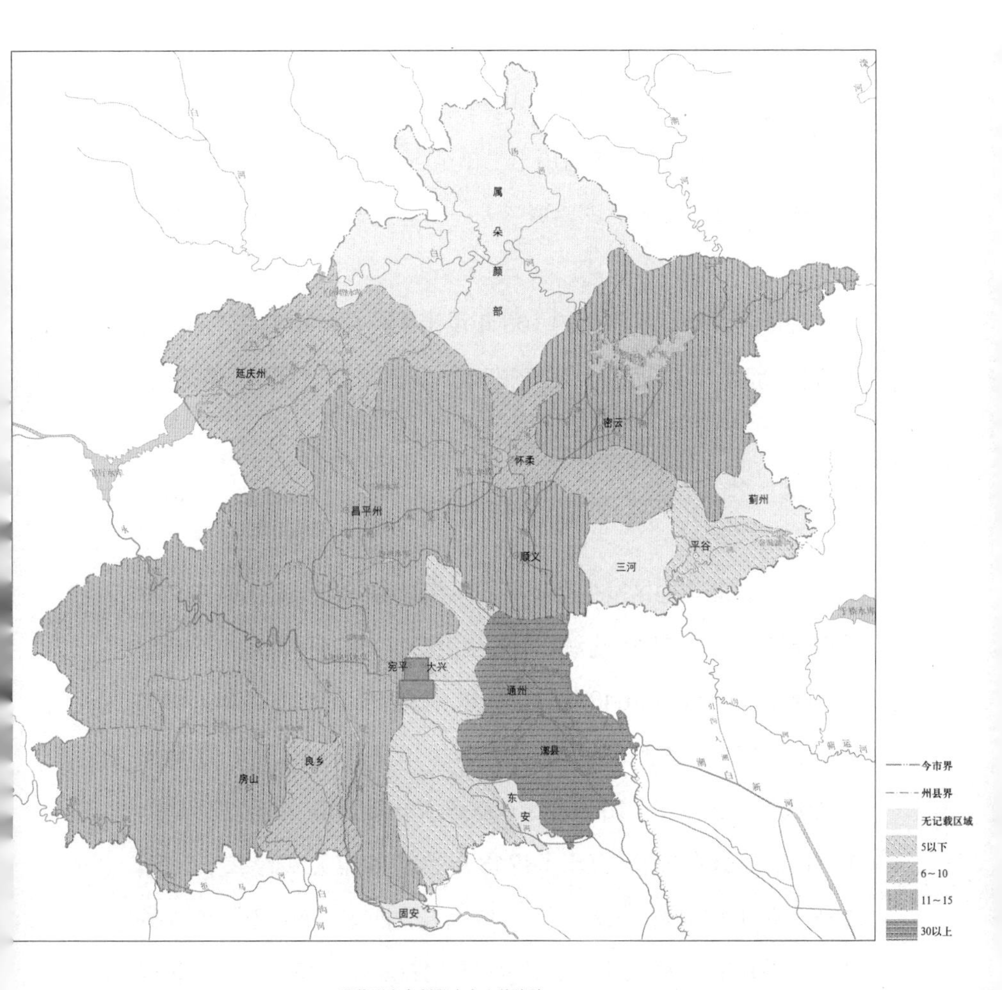

明代近京各州县水灾次数统计

州县	大兴	宛平	良乡	房山	通州	漷县	顺义	密云	怀柔	平谷	昌平	延庆
水灾年次	3	12	7	12	34	41	12	13	10	3	13	9

明代北京地区各州县水灾记录分布图

嘉靖十六年至十八年（1537—1539年）。

连续6年的发生2次，即正统元年至六年（1436—1441年）、隆庆三年至万历二年（1569—1574年）。

连续7年的1次，即万历十二年至十八年（1584—1590年）。

连续8年的1次，即嘉靖三十一年至三十八年（1552—1559年）。

在明代北京地区发生的108年洪涝中，文献中多有“山水泛涨，冲决堤埂”“民业荡尽，田禾无收”“尸横遍野”“民饥”等描述。

清　代

清代，北京地区发生轻重不同洪涝灾害的年份有136个，平均2年即有1次。其中，连续2年发生洪涝灾害的有13次，共26年，即顺治五年、六年（1648年、1649年），顺治十三年、十四年（1656年、1657年），康熙十七年、十八年（1678年、1679年），康熙二十八年、二十九年（1689年、1690年），乾隆五年、六年（1740年、1741年），乾隆八年、九年（1743年、1744年），乾隆二十六年、二十七年（1761年、1762年），乾隆五十四年、五十五年（1789年、1790年），嘉庆十年、十一年（1805年、1806年），嘉庆二十年、二十一年（1815年、1816年），道光七年、八年（1827年、1828年），道光二十年、二十一年（1840年、1841年），咸丰八年、九年（1858年、1859年）。

连续3年发生洪涝灾害的有4次，共12年。即乾隆元年至

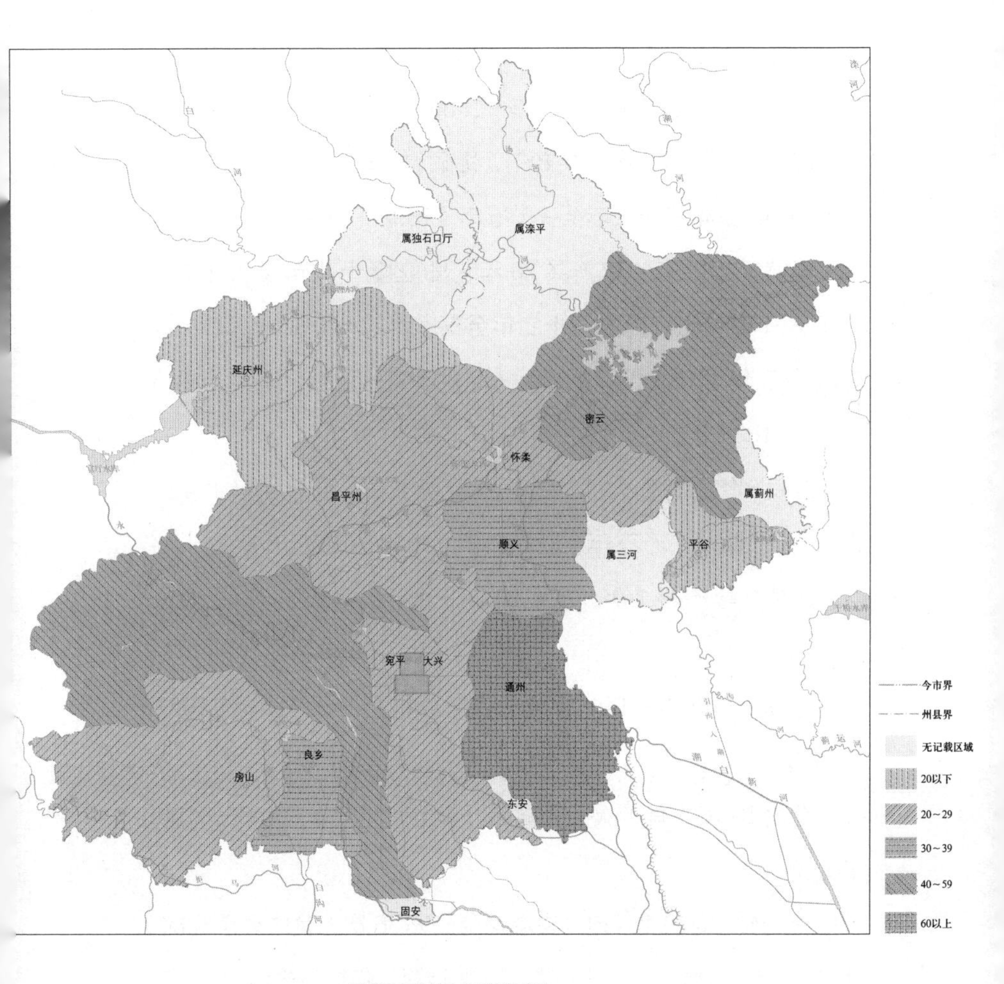

清代近京各州县水灾次数统计

州县	大兴	宛平	良乡	房山	通州	顺义	密云	怀柔	平谷	昌平	延庆	京城
水灾年次	28	50	37	23	65	34	40	28	13	23	19	28

清代北京地区各州县水灾记录分布图

三年（1736—1738年）、乾隆三十八年至四十年（1773—1775年）、道光元年至三年（1821—1823年）、光绪八年至十年（1882—1884年）、光绪十二年至十四年（1886—1888年）。

连续4年的有2次，共8年，即顺治八年至十一年（1651—1654年）、康熙三十二年至三十五年（1693—1696年）。

连续5年的有4次，共20年，即乾隆十八年至二十二年（1753—1757年）、乾隆三十二年至三十六年（1767—1771年）、嘉庆十三年至十七年（1808—1812年）、道光十年至十四年（1830—1834年）。

连续6年的有2次，共12年，即乾隆十一年至十六年（1746—1751年）、嘉庆二十三年至道光三年（1818—1823年）。

连续9年的有1次，即光绪二十九年至宣统三年（1903—1911年）。

连续10年的有1次，即光绪十八年至二十七年（1892—1901年）。

连续15年的有1次，即同治五年至光绪六年（1866—1880年）。

清代永定河在北京地区决溢泛滥成灾36次，其中凌汛5次；潮白河（包括潮河、白河）34次；北运河（包括温榆河）40次；大清河水系20次；蓟运河水系10次。每当洪涝灾害发生之际，轻者毁坏农田伤害庄稼，粮食减产，重则冲毁、浸坍房屋，漂溺人畜，阻断道路，引发瘟疫，致使大批人家流离失所、家破人亡，惨不忍睹。

中华民国时期

自1912年至1948年的37年间，北京地区发生轻重不同的洪涝灾害共有19个年份，平均约2年就发生1次。其中，连续2年的洪涝灾害有4次，共8年，即民国元年、二年（1912年、1913年），民国十三年、十四年（1924年、1925年），民国二十二年、二十三年（1933年、1934年）、民国二十七年、二十八年（1938年、1939年）。

连续3年的有2次，共6年，即民国六年至八年（1917—1919年）、民国三十五年至三十七年（1946—1948年）。

19个洪涝灾害年份中，永定河5次，潮白河7次，北运河5次，大清河水系7次，蓟运河水系1次。1939年是北京地区20世纪最大的一次洪水，以洪峰频率分析，潮白河在百年一遇以上，永定河、北运河均在50年一遇左右，是海河流域“北四河”的典型灾年。

中华人民共和国时期

中华人民共和国成立初期，由于各河道尚未进行全面规划治理，加之1949年至1959年降水量偏大，以致在50年代北京多次出现洪涝灾害。其洪涝划分等级按水利部的统一规定，以汛期雨量标准差法，又考虑到受灾面积在6.67万公顷（100万亩）以上，综合定为严重洪涝灾害等级以上。自1949年至2000年这52年间，发生较为严重的水灾、洪涝面积在 6.67 万公顷（100 万亩）以上的有 12 年。

历代重点水灾灾情

在北京历代发生的洪涝灾害中，由于明代以前的灾情史籍所载过于简略，灾情级别的界定十分困难，明代以后，历史典籍中记述北京地区的洪涝灾害比较详细，故对明代以后的重点灾年记述如下。

明宣德三年（1428 年）

自农历五月始，霖雨连旬，直至六月底，致使浑河、北运河水系大小河流一起泛滥。其中，浑河决卢沟桥段凌水所堤岸一百余丈；北运河决河西务（今通州区、武清县交界处）等堤闸多处；通惠河及潮白等河也水涨漫堤。通州、良乡、顺义、宛平、大兴一带不仅田地淹没，官民屋宇也多被冲塌。据《明宣宗实录》卷四十四载：通州水及城墙，“深一丈余，城坏者一百三十余丈”。道路、桥梁也被冲坏。卷四十九载：运河水从耍儿渡决口往东流去，致使“正河浅涩，舟行不便”，严重影响了漕运。又据卷四十五载：北京城的文明门（崇文门）等处城垣也被雨水冲坏。密云、怀柔、昌平、平谷及房山等地，五六月苦雨，“山水泛涨，冲决堤埂，淹没田稼”。密云等处城池，喜峰口等关隘、卫所也多被雨水、山洪冲塌。隆庆州境内同样有山洪发生。这次水灾时间长、地域广，害及通州、漷县、良乡、宛平、大兴、顺义、平谷、昌平、密云、怀柔、房山及隆庆州等州县的绝大部分地区，并涉及北京邻近州县。据乾隆《延庆州志》卷一《星野·附灾祥》和《明宣宗实录》卷四十四载：这次水灾覆盖了顺天府所属的绝大部分州县，被灾范围十分广泛，不仅淹没了大片农田，而且有房屋倒塌、人畜溺死的现象发生，造成了田谷无收、民困乏食、朝廷税粮及铜铁银珠等物艰于办纳等严重后果。《明宣宗实录》卷五十一、乾隆《延庆州志》卷一《星野·附灾祥》载：第二年（1429 年）春，平谷、隆庆州等地还发生了严重的饥荒。《明宣宗实录》卷四十四又载："(六月丙甲）运官粮七千六百石至通州……忽风雨暴至，舟覆，并操舟者七人皆溺死。""民因乏食，税物难征，悉免之。"

明正统四年（1439 年）

据《明英宗实录》卷五十五载：五月中旬以后，突降大雨，"自昏达旦"，连绵至六月中旬，致使大小河流暴涨，造成水灾。浑河在小屯厂（今丰台区小屯附近）一带冲决西堤漫流，淹及宛平、房山、良乡等县。北运河自通州至直沽（今天津）有 31 处堤闸为水冲决，沿河民舍田稼被淹没。京城中大小沟渠涨溢，冲坏官舍民居 3390 间，溺死 21 人。长安街上布满了露宿街头的人。据卷五十六载：英宗皇帝专门诏令：择京城中高敞之地或腾出一些公房来安置灾民，并遣官祈晴。德胜门等城墙也被雨冲坏。居庸关一带山口城垣 90 多处、桥梁 12 座皆被水冲坏。这次水灾波及的范围很广，中心地区在浑河、北运河流域，即房山、宛平、良乡、大兴、通州及京城附近，稍远的密云、平谷及隆庆州也有这次水灾的记录。据《明英宗实录》卷六十二载：五月、六月把已成熟的小麦和正长的秋禾一冲而净，造成了京畿地区秋后严重的饥荒。该年冬，京城内外乞丐成群，城市人家亦多艰难，加上连日严寒，倒毙街头者颇多……直到第二年（1440 年）春，通州、漷县、房山等地的饥民依然滞集京城，迫使官府开设粥铺等，供给饥民饭食。

明成化六年（1470 年）

据《明宪宗实录》卷七十七载：自六月以来，淫雨浃旬，河水骤溢，发生严重水灾。据史料记载，仅通州至武清县蔡家口（在武清县南部北运河西）一段运河，就有 19 处决口。通州张家湾（今通州城东南）附近 2660 多户居民遭洪水冲击，6490 多座房屋被水冲塌。潮河、白河沿岸的城垣村庄也差不多是这种情况。据《明宪宗实录》卷八十一载：就连驻守北部山区古北口、居庸关、龙王峪等地的卫所也有报告称："山水泛涨，平地水高二三丈许，冲倒城垣壕堑堤坝以万计，坍塌仓廒、铺舍、民居并人畜、田禾、军器等项难以数计。"《明实录》中对这次水灾灾情的描述多类此，如"京城内外军民之家，冲倒房舍、损伤人命不知其数"；"今近京府县水灾，民居荡析"。这次水灾的受灾范围除整个顺天府之外，相邻的州府也包括在内，尤以顺天府所属的通州、昌平、顺义、涿州、良乡、宛平、大兴等州县为重。另外，北部隆庆州、宣府、密云后卫所等辖地也有山洪发生。这次水灾除对房屋、财产、人畜、农作物等造成巨大损失外，引发的流民、饥荒以及河岸决口、城垣损坏待修、税粮难征等问题一直遗患至第二年、第三年……朝廷虽派专员往各地赈济灾民，但京城内外仍饥民充斥，瘟疫流行，"死者枕藉于路"。据《明实录》记载，成化七年（1471 年）

的春天，发生了严重的饥荒与瘟疫，仅大兴等 4 县饥民受赈济者即达 21.98 万人。

明正德十二年（1517 年）

正德十一年（1516 年）是个大旱之年，且旱情持续至冬季及翌年春。正当官府为京畿地区严重旱荒筹措赈济和祈雨之时，一场大雨降临。《明史・五行志二》载：正德十二年（1517 年）农历四五月间，顺天等府“骤雨”，“通州张家湾一带弥望皆水，冲坏粮船，漂流皇木，不知其几”。其他如顺义、大兴等县也奏称：“淫雨连旬，山水泛涨，所在城郭坍损，民居倾坏，田禾淹没，所存无几。”据当时人所言，此次水灾为“数十年以来所未有者”，水灾导致“秋成无望”，加重了该地区的饥荒。据《明实录》记载，第二年（1518 年）的正月，官府不得不“发通州大运仓粮三万石并河西务钞关船料银于顺天府所属州县赈济”。并供给京师流民每人三斗米予以安抚。

明嘉靖二十五年（1546 年）

是年夏，北京地区连续下雨，造成水灾。六月底至七月，北京地区淫雨不断，造成西山地区发水。大水涌入北京城，水淹数尺，冲坏九门城垣，直入皇城，死者无数。通州、漷县由于大水，沿运河居民漂没甚众。八月壬寅，顺天府的通州、武清等十个州县降雨连绵不断造成发水，水深达数尺，禾稼俱没，城垣民舍倾覆甚多。在这次水害当中，通州、宛平、大兴等州县损失尤为严重。水害造成出现大量饥民，户部特发银米以赈恤灾民，并免各地税粮有差。

明嘉靖三十二年（1553年）

六月，开始淫雨连绵，山水泛涨，运河、浑河等陆续泛滥，通州、张家湾等处堤岸被洪涛冲决，淹没田野、村庄。据光绪《顺天府志·故事五·祥异》引《采访册》载：怀柔大水“平地丈余，禾稼漂失殆尽，西北水与潘家庄观音堂山齐……数日始退”。处于卢沟河下游的固安、霸州、文安、保定等州县大堤冲决，“平地水深丈余，四门用土屯，人皆上城，登舟”。这次水灾范围，包括顺天、保定、真定、河间4府，即河北北部平原地区几乎全淹。灾情最重的是通州、涿州、良乡、固安等地。据乾隆《延庆州志》卷一《星野·附灾祥》载：隆庆州永宁县等地禀报：“大水坏城。”由此可见，这次水灾系持续大范围的降雨导致北部、西部山区山水泛涨，而下游平原地区排水不畅造成的。据《随园随笔》卷十五引《金缶子》述：水灾的直接后果是“京师大饥，人相食”，米价腾贵，流民如蚁。卖儿卖女现象随处可见。又据《明世宗实录》卷四百零九述：官府采取赈恤灾民、蠲免税役等措施，“诏发京、通二仓米赈顺天府属饥民”。

明嘉靖三十三年（1554年）

上年水灾留下的饥荒还没过去，嘉靖三十三年（1554年）春夏之交，京城内外又暴发了严重瘟疫，至六七月，一场更大的水灾接踵而来。据《古今图书集成·方舆汇编·职方典·顺天府部·纪事》引《永清县志》《密云县志》《东安县志》载：京师大雨连绵，“水涨卢沟桥，海子墙颓，浩渺无涯，直至城下”，平地水深数尺，漂没墙垣庐舍，致使“秋禾尽没，米价十倍，男女疫之过半”；密云县“大雨浃旬，潮、白二河涨，冲塌城东南、西北之角，鱼鳖居人以千数”；据康熙《通州志》卷十一载：浑河、通惠河决，通州“禾稼尽没，米贵，大疫”；据乾隆《延庆州志》卷一载：隆庆州“大水，坏屋伤稼，杀人畜甚多”，居庸关、崩石寨等关口，“行者不能取道”；怀柔大水，洪水冲断的森林木材，如同被刀削斧锯一般，漂浮水面，不可胜数，低下村庄全被水淹没。其他如道路、桥梁被冲毁等例子举不胜举。这次水灾造成很多田地绝收，瘟疫流行，许多村庄变为废墟。官府采取了相应的减免赋税及赈济等措施。

明万历十五年（1587 年）

据《明神宗实录》卷一百八十六载：是年，首先干旱多风，春夏不雨，致农业减产，疫病盛行。又据卷一百八十七载：农历六月“风雨陡作，冰雹横击，大雨如注”，导致发生水灾。又据《明神宗实录》卷一百八十七、卷一百八十八，光绪《密云县志》卷二，民国《顺义县志》卷十六载：京城内许多官舍民居被雨水冲坏，并发生了人员溺死、塌屋伤人等事件，连城墙也有多处塌陷。通州、顺义、密云、昌平、蓟州等地则禀告称：大水、“大雨，溺人民无算”以及冲塌道路桥梁、冲走漕粮 8000 多石等等。这次水灾还伴有冰雹发生，康熙《通州志》卷十一载：“通州大雨雹，自西北方来，大者如鸡卵，间有如杵、如升者，坏民房屋、禽兽。”这次水灾的范围并不很大，主要见于顺天府东部通州、顺义、密云、蓟州、昌平等州县，但它紧随旱灾、瘟疫之后，来势凶猛（暴雨），因而造成的后果更加严重。该地区的严重饥荒从当年秋一直延续到第二年（1588 年），朝廷除免征停缓各项税纳之外，还发银、发米予以赈济，顺天府“每户给银五钱、米一石，压伤男妇每名给银七钱、米七斗”。据《明神宗实录》卷一百九十三载：皇帝亲自过问京城各寺观煮粥赈济饥民的情况，“银米不敷，于银库、太仓补发。再于各煮粥处所赁空房两月，安插就食之人。将各草场放剩陈草，每名给十五斤铺垫”。康熙《通州志》卷十一述：第二年（1588 年）春，通州等地仍是“大饥,(民)食草根木(树)皮”。

明万历三十二年（1604 年）

万历三十二年（1604 年），北京地区又是大水之年。四月十三日即出现降雨。六月丁酉，昌平州雨量暴涨，大水将长陵、康陵、泰陵、昭陵的石桥、栏杆并坛垣等冲倒数处。而通州地区先是春旱，而六月至七月，则淫雨五十余日，造成山水涌发，通州、漷县房舍大量倒塌。七月至八月，北京阴雨连绵不断，时间长达近两月，由于连续下雨，在正阳、崇文二门之间造成塌陷 70 多丈，北京城内到处都是房屋的颓垣败壁，百姓忧愁者甚多。而秋季延庆又发生大雨。

明万历三十五年（1607 年）

六月二十四日，突降暴雨，且一发不可收拾，终致水灾。“大雨如注，经二旬……”“阴雨不解……昼夜如倾”。可见降水时间之长、强度之大实属罕见。这场大雨持续至七月中旬，京城全被水浸，“高敞之地，水入二三尺；各衙门内皆成巨浸，九衢平陆成江；洼者深至丈余，官民庐舍倾塌及人民淹溺，不可数计。内外城垣倾塌二百余丈，甚至大内紫金（禁）城亦坍坏四十余丈……雨霁三日，正阳、宣武二门内，犹然奔涛汹涌，舆马不得前，城堙不可渡”。昌平州持续 20 多天大雨，“官廨民舍人畜漂没不可胜纪”。通州“淫雨一月，平地水涌，通惠河堤闸莫辨。张家湾皇木厂大木尽行漂流”。通州城墙被水冲坏 1200 多丈。六月二十三日至七月十七日，停泊在通州张家湾的运粮船被冲走、冲毁 23 只，损失米 8363 石，淹死 26 名运船士兵。“沿河民户漂没者不复能稽”。各地的仓库、草厂被淹，所造成的损失约在 30 万石（米）之上。据朱国桢《涌幢小品》卷二十七、康熙《通州志》卷十一《祲祥》述：这次水灾时人称“诚近世未有之变也”。受灾州县有京城、通州、昌平、密云等。官府对这次水灾除例行蠲免赋税外，还曾“发银十万两，付五城御史，查各压伤、露处（宿）小民，酌量赈救”，并“发太仓米二十万石平粜”。

明万历三十九年（1611 年）

是年春，北京地区既旱又蝗，自农历四月始由北往南，陆续淫雨成灾。《昌平州志》：四月“昌平州淫雨，水深五六尺许，苗稼尽损；《明神宗实录》卷四百八十三载：五月，京城大雨。雷震正阳门楼旗杆”。康熙《通州志》卷十一《祲祥》述：同月，通惠河决，通州大水。《明神宗实录》卷四百八十四述：六月，“大雨水，都城内外暴涨，损官民庐舍”。《明神宗实录》卷四百八十八载：礼科给事中周永春等人给皇帝奏章称：“此水灾比万历三十五年（1607 年）之水，其势尤甚。”翌年（1612 年）春，京畿地区饥民流离载道，填集京师，顺天府衙门煮粥供济，入不敷出，屡屡请求朝廷再拨救济粮。这年的水灾主要以昌平、通州等地为重，延庆州还有“积涝”的记载。特别是北运河（通惠河）泛滥，造成人民生命财产和农业损失，导致第二年（1612年）春天饥荒。

明天启六年（1626 年）

是年夏季，北京地区雨量比较集中，由是造成严重水害。六月，北京地区淫雨连绵，造成永定河上游水势过大，引起西山洪水暴发，永定河水从京西直冲而下，入于御河，穿北京城而过，经通惠河直达通州。这次大水使北京城内的低洼处水深达 6 尺，城内房屋塌毁 7300 多间，死亡 20 多人。卢沟桥一带有的人家也被水冲击。良乡城镇俱倾，势若江河，尸积遍野，直至涿州而止。

清顺治十年（1653 年）

据《清世祖章皇帝实录》卷七十六载，顺治十年（1653 年）闰六月庚辰，帝谕内三院：“兹者淫雨匝月，农事堪忧。都城内外，积水成渠，房舍颓坏，薪桂米珠……甚者倾压致死。”礼部奏言：“淫雨不止，房屋倾塌，田禾淹没，请行顺王府祈晴。”戊子，户科给事中周曾发奏：“数月以来，灾祲迭见。前者雷毁先农坛门，警戒甚大。近又淫雨连绵，没民田禾，坏民庐舍，露处哀号，惨伤满目，此实数十年来未有之变也。”光绪《昌平州志》卷六：六月，“淫雨坏昌平州城垣、民舍”。据《清世祖章皇帝实录》卷七十八载，十月己卯，帝谕内三院语：被灾之区，田禾淹没，庐舍倾倒，城垣坏塌，“兵民冻馁，流离载道”；是岁，“密云县饥”。《清世祖章皇帝实录》卷七十八、卷七十九述：灾后，十月乙酉，朝廷“命设粥厂，赈济京师饥民”。庚寅，工科左给事中魏裔介条奏拯救兵民八事，第一条为“发仓减价粜与八旗及京师穷民”。十一月丁酉，“户部奏言：‘皇太后颁发赈济银两，除给散八旗被灾兵丁及闲散人等外，余银二万两，请即分赈京城穷困汉兵民。’报可”。戊午，“工部谇覆御史高尔位疏言：‘籍没官屋，每城拨八间，增置栖流所，以处饥民。’报可”。十月乙酉，“免直隶通（州）、密（云）、昌平所属州县卫所本年份水灾额赋”。综上所述，该年水灾堪称特大水灾。《清圣祖仁皇帝实录》卷二百五十五述：直到康熙五十二年（1713 年），时过 60 年之后，康熙皇帝还引以为戒，他说:“昔言壬辰、癸巳年应多雨水……观近日雨势连绵，山水骤发亦未可定。”又说：“朕记太祖皇帝（努尔哈赤）时壬辰年（即明万历二十年,1592 年）涝,世祖皇帝癸巳年（即顺治十年,1653 年）大涝,京城内房屋倾颓。明成化时癸巳年（即成化九年,1473 年）涝，城内水满，民皆避居于长安门前后，水至长安门，复移居端门前。若今淫雨不止……田禾岂有不损耶？”

清康熙七年（1668 年）

据康熙《通州志》卷十一载:康熙七年（1668 年）七月朔（戊戌），“通州连雨七日”。初七日（甲辰），“辰时，东西两河水溢，没城墙九尺。民多溺死”。又据《清圣祖仁皇帝实录》卷二十六载：初十日（丁未），“以浑河水发，冲决卢沟桥及狮岸”。乾隆《延庆州志》卷一述：七月，“密云县大雨五昼夜，河溢，坏城东北隅”，“昌平州大雨，漂没民舍，禾稼灾”，“延庆州淫雨七日夜，大雨淹没民居田亩”。《客舍偶闻》载：“戊申（康熙七年，1668

年）六月，京师大旱……俄而大澍。至六月杪入者，初秋雨甚，崩垣圮屋，昼夜声相闻。予在查给谏邸，上漏下湿，无置足地……初八日勺，初更，大风怒号，雨如决河，庭水涌阶入室，暗中僮仆双履皆浮，良久始觉，群起夜呼备水。须臾风息雨止，境逃崩压。”“浑河水决，直入正阳、崇文、宣武、齐化（朝阳）诸门。午门浸崩一角。五城以水灾压死人数上闻，北隅已民亡一百四十余人。上登午门观水势，更遣章京察被灾者，房倒之家户给二两，人亡者人给四两。”“宣武门水深五尺，冒出桥上，雷鸣峡泻。有卖蔬人，乱流过门下，人担俱漂没。有乘驼行门下，驼足不胜湍激，随流入御河，人浮水抱树得免，驼死水中。宣武、齐化诸门，流尸往往入城。父老言，（明）万历戊申（三十六年，1608 年）都门亦大水，未若今之尤甚。”

清嘉庆六年（1801 年）

据《中国大百科全书·水利卷》记述，清嘉庆六年（1801 年），太行山、燕山山麓各州县均降“大雨四十余日”。《故宫晴雨录》载：自农历五月二十五日至六月二十四日，降雨天达 29 天。全流域有 4 次降雨过程，其中七月十一日至十七日暴雨范围，西起桑乾河、滦河上游，东到滨海平原，暴雨中心在大清河北支和永定河上游。《清仁宗睿皇帝实录》卷九十八载，嘉庆七年（1802 年）五月，御制《辛酉二赈纪事》序文曰：“嘉庆六年（1801 年）辛酉，夏六月，京师大雨数日夜，西山诸山水同时并涨，浩瀚奔腾，汪洋汇注，漫过两岸石堤、土堤，开决数百丈，下游被淹者九十余州县……诚从来未有之灾患。”

清嘉庆六年（1801 年）的水灾以大兴、宛平、良乡、房山、通州、顺义等州县最为严重，其次是昌平州，再次是怀柔、密云、平谷、延庆等。据《清仁宗睿皇帝实录》卷八十四载：面对洪患水祸，清廷采取的主要赈灾措施有：委派官员分赴被灾各州县，实地查勘灾情，并及时回奏朝廷；命遣官员到灾区散赈，发放京仓粮米，拨出局钱专款，用以抚恤被水灾民；命户部侍郎高杞等驰赴卢沟桥，分驻两岸，堵筑永定河决口；蠲免田赋，缓征钱粮，加赈被灾州县灾民。对这次水灾，嘉庆皇帝还作诗进行自责。

清光绪十六年（1890 年）

据《清代海河滦河洪涝档案史料》载:光绪十六年（1890 年）五月下旬至六月上旬，因为大雨肆虐，永定、潮白诸河决口泛溢，北京地区遭受特大水灾的侵袭。人称"此次灾状,与嘉庆六年(1801 年）大略相同"。

震钧《天咫偶闻》卷八载："庚寅（光绪十六年，1890 年），京师自五月末雨至六月中旬，无室不漏，无墙不倾，东舍右邻，全无界限，而街巷至结筏往来。最奇，室无分新旧，无分坚窳，无弗上漏旁穿，人皆张伞为卧处。市中苇席油纸，为之顿绝。东南城贡院左近，人居水中。市中百物腾贵，且不易致，蔬菜尤艰。诚奇灾也。"

光绪十六年（1890 年）的水灾"数十年所未有"，甚或被称为"实为百数年来未有之奇灾"。与嘉庆六年（1801 年）特大水灾大略相同。就顺天府属近京州县来说，以通州、顺义、大兴、宛平、房山、良乡等灾情尤重，怀柔、密云、平谷等较轻。昌平、延庆未有被灾的记载。

清光绪十九年（1893 年）

北京地区在遭受光绪十六年（1890 年）特大水灾之后，光绪十九年（1893 年），复遭数十年来的特大水灾蹂躏。

六月十九日，李鸿章奏："入伏以后，霪霖不休。六月初八九至十二三四等日，昼夜大雨，势若倾盆。加以东北、西北边外山水暴发，奔腾汇注，各河同时狂涨，惊涛骇浪，处处高过堤巅，情形万分凶险……水势过大，来源太骤，人力难施，以致永定、大清、北运等河，纷纷漫溢，洪流四注，沿河州县猝被淹灌，庐舍民田尽成泽国，农具粮禾房屋漂没殆尽，平地水深数尺至丈余不等。通州城内外水势更大，冲倒房屋，伤毙人口，不可胜计……由京至津一路电杆，节节冲倒，电报亦久不通。"

七月初一日，李鸿章奏："兹据各属陆续禀报灾州县三十余处。顺（天府）属以大兴、宛平、良乡、涿州、通州、顺义等州县为最重，房山、蓟州次之。灾重地方，房屋坍塌，禾稼漂没，小民无地可种，无屋可栖。自秋徂冬为日方长，水势既未消落，晚禾断难补种。"

八月十三日，给事中余连沅奏："顺天所属东安、武清等县，连年水淹，民不聊生。而通州、香河本年被水尤重。当其时，辗转于洪涛巨浪之中，百姓随波臣（沉）以去者，不知凡几。昌平、顺义亦有村庄被洗十室九空者。而大兴、宛平环京四乡灾象轻重不一，嗷嗷之待哺尤多。虽经办理急赈，可以救目前之沟瘠，而秋成绝望。"

九月初二日，鸿胪寺卿刘恩溥奏："臣在黄村粥厂稽查弹压，每日人数总在三千左右不等。乃八月二十六日，忽增男妇老幼七百余人。二十七日又增一千三百余人……并闻续来而未到者，尚有数百人。据云，系文安、大城二县民人，赴京乞食，路经此处。”

十月二十五日，李鸿章奏：“本年六月间，大雨兼旬，口外山水暴发，北运河上游潮、白等河同时狂涨，浩瀚奔腾，建瓴而下。河身不能容纳，水势高过堤巅数尺，原筑子埝俱没水中。东西两岸上下数百里，纷纷漫决，人力难施，与凤河、大清、子牙各河连成一片。统计运河水旱大小决口七十余处，情形糜烂，实从来所未有。”

民国六年（1917 年）

7 月 15 日至月底，京兆地方连日大雨倾盆，“水患所至，几及全境”。27 日夜间，永定河自北三工二十二号决口，冲开大堤 256 丈，全河大溜出此奔宛平、固安等地而去，波涛汹涌，所到之处尽成泽国，平地水深四五尺不等。仅宛平一县被淹没的村庄就有 20 多个，下游则淹没村庄无数，宛平以西的房山县则称：“水势盛涨日甚一日，低洼地亩均已淹没入水中，河流洪涨，道路不通；民房坍塌，不知凡几。”潮白河决于顺义苏庄，1916 年民国政府海河工程局曾在此依借洋人资金与技术修建一滚水坝，用以调节潮白河水入箭杆河。但在此次水灾中被洪水冲塌 30 余丈。南北运河及箭杆河等亦有多处溃堤，顺义、通县、平谷等地一片汪洋。入秋后，又连降大雨，天津与保定间亦成泽国，京汉、京奉、津浦铁路中断。据 1918 年 2 月 5 日《申报》刊载的督办京畿一带水灾河工善后事宜处熊希龄致上海总商会函云：

“总计京直被灾一百余县，灾区一万七千六百四十六村，灾民达五百六十一万一千七百五十九名。”

民国十三年（1924 年）

据 1924 年 7 月 15 日《大公报》载：“于旧历六月初一（7 月 2 日）得沾透雨，直人咸方额手称庆，不意淫雨连绵，迄今为止，竟至成灾”，“其间尤以旧历初七迄今风暴雨烈”，造成河水泛滥。永定河、大清河、沙河等相继溃决。其中，尤以永定河为重。据郑肇经《中国水利史》一书，是年永定河决口共有四处：“一、高陵（今高岭）决口宽八百公尺；二、保河庄（今保合庄）决口宽二百公尺；三、小马厂决口宽八百公尺；四、夏家场决口宽八百公尺；共宽二千七百公尺。永定河水即由决口处奔小清河、大清河两河而至天津，下游几不复有滴水。”这 4 个决口处均在北京市房山区与大兴县交界处、宛平县境内。洪水扫掠宛平、良乡、房山后而往东南至天津。同时，北运河决于通县，致使通县以东汪洋一片。据 7 月 17 日《晨报》载：7 月 15 日、16 日两日，北京城内“大雨倾盆，昼夜不息”，“九城之中，尤以南部为甚”，“水深三四尺”，“居民均在炕上生活。右安门，因护城河水泛滥，门洞为之淹没，昨日已不开城”。

7 月间，中国华洋义赈救灾总会发表《调查灾情报告》，长辛店，淹没村庄 15 个，人户 786 户；沙河镇，南北两河均已出槽，禾苗被冲，减产约十分之六七，房屋坍塌约十分之三；良乡，冲淹东石羊等 70 余村，灾民 5 万左右；通县，北运河水涨 1 丈以外，东北西关外沿堤居民水深数尺，谢家楼等 54 村平地水深 4 至 8

尺不等，城内塌房 300 余所，乡间塌房难以计数。

民国十四年（1925 年）

据 6 月 6 日《晨报》消息："永定河水势陡涨，查此水由北山鲁家滩等处发来，该处田园庐舍，多已被山水冲刷，伤人无数。至昨日三家店等处尚是一片汪洋。"7 月，北京地区多降暴雨，7 月 22 日，昌平日降雨量 155.1 毫米。7 月 23 日，市区日降雨量 205.2 毫米，城内被水。7 月 24 日，三家店日降雨量 118.5 毫米；22 日至 24 日，三家店总降水量 382.5 毫米，致永定河暴涨决口。7 月 24 日《大公报》消息："本年北京自入夏以来，下雨时间之长，为向来所未有。""各城衢巷泥滂不堪言状，马路水深及膝，东西单二条大路，望之几成一片汪洋，顺治门（宣武门）内水深达 3 尺以上。各城房屋坍塌者，更不计其数，西北城一区，损失最巨。"8 月，京畿再次大雨，平谷、房山、良乡等 12 县受灾。

民国十八年（1929 年）

1929 年 7 月中旬至 8 月初，连降暴雨，永定河、箭杆河、南北运河等相继溃决。其中，永定河三家店洪峰流量 4050 立方米每秒，两月间溃决多次，危害尤重。7 月 18 日，陡然决于良乡之金门闸，"决口一百五十余丈"，"县境村庄，适当其冲，尽成泽国"。8 月 3 日、4 日又因连日大雨，该河右堤决口数处：8 月 7 日，其南岸第三段口门下坎，又塌一百余丈。致使"北平西部南部一大区域，俨同内海，数百村浸于水中"，"城内东长安街、司部街等处水深一、二尺不等"，"北平塌房 7000 余间"，"被灾者不下五十万人"。据次年发行的《河北省民政特刊》统计，该年北京地区受灾诸县为:大兴(水旱)、宛平(旱蝗水)、通县(水蝗重灾)、良乡(水灾最重)、房山(水虫两灾奇重)、昌平(旱潦虫雹)、顺义、密云、怀柔(水灾)和平谷(水灾),北平城区亦属水灾重灾区。

民国二十八年(1939年)

1939年7月至8月,连续多次暴雨,降雨日数多达30~40天,且范围较广,覆盖了潮白、北运、永定及大清河水系。

其间,有3次暴雨造成各河流大洪水。第一次是受7月10日和13日两次台风影响,7月10日至16日降了暴雨,主要雨区在太行山迎风区和燕山西部,分布范围较广,昌平降雨量最大,达326.7毫米。第二次暴雨也是受台风影响,于7月24日至29日降了暴雨,主要分布在潮白、北运、永定和大清河流域,暴雨中心区在北运河上游及官厅山峡地区,昌平一日降雨量达248毫米,5日降雨量达515.5毫米。三家店(7月25日)一日降雨量达234毫米,5日降雨量达461.6毫米。其他各地降雨量在100~200毫米左右。第三次是受8月10日至13日西风带低压槽影响,发生的一次短时间的暴雨,主要分布在西北部地区,昌平降雨140毫米,三家店降雨128毫米。

7月26日,潮白河上游出现洪峰达10650立方米每秒(调查资料),下游苏庄洪峰达15000立方米每秒(调查资料),7日洪水量达22亿立方米。洪水冲毁京古铁路大桥和公路,交通全部中断;冲毁密云县护城石坝和城墙,水到西门和南门,南门外大街行船,小圣庙供桌淤没。顺义县、通县境内多处决口,7月

26 日 22 时，苏庄拦河大闸被洪水冲毁，潮白河夺箭杆河改道。

7 月 27 日，北运河通州水文站实测洪峰为 1670 立方米每秒，下游左堤决口，北运河与潮白河洪水连成一片。据统计，通县、昌平、密云、怀柔、顺义等县共淹没土地 43.33 万公顷（约 650 万亩）；昌平沙河镇水深 3 米，死伤 600 余人。

六七月间，大清河阴雨 40 多天，7 月 24 日又连降两天大雨，造成山洪突发，西部山区发生大洪水。拒马河紫荆关水文站洪峰为 3800 立方米每秒，千河口水文站为 7100 立方米每秒；大石河漫水河水文站为 3220 立方米每秒。沿河房屋倒塌，人畜伤亡，琉璃河铁路桥闷孔，周口店运煤高线桥被冲毁。据各河最高洪峰量推算，永定河、北运河洪水在 50 年一遇左右，潮白河洪水在百年一遇以上。

这一年的暴雨特点是：历时长，次数多，范围广，强度大。昌平 7 月、8 月两个月总降雨量达到 1137.2 毫米，是北京西北部有实测资料以来的最高纪录。雨后，海河水系各河均发生了大洪水，其中：永定河，7 月 25 日卢沟桥洪峰达 4390 立方米每秒，冲弯京广铁路桥梁，冲倒卢沟桥石栏杆，桥面过水，并经小清河漫溢分流 2580 立方米每秒。下游梁各庄、石佛及南、北章客又相继决口，大兴西南部洪水泛滥成灾，冲毁京津铁路路基。卢沟桥下游右岸 1.4 公里处决口，河水全部泄入小清河，冲毁铁路路基多处和桥梁两座。原良乡县 93 个乡中有 80 个乡受灾，受灾户达 4.3 万户，2 万户倾家荡产，死伤多人。房山、良乡两县淹没土地 310 平方公里。

1949 年

年降水量 936.2 毫米，汛期（6 月至 9 月）雨量就有 839.4 毫米，其中，7 月份雨量达 463.5 毫米。全市粮田受灾面积达 18.3 万公顷（约 275 万亩），其中通县、大兴、顺义三县即达 13 万公顷（约 195 万亩），粮食大幅减产。

1950 年

年降水量 866.6 毫米，汛期降雨 668.6 毫米。7 月 18 日，潮白河苏庄水文站曾出现最大洪峰 2370 立方米每秒。顺义县城南位于潮白河右岸的王家场村东，一个 130 多户的东房子村，一夜之间就有 120 多户的 500 多间房屋全部坍入河内。

8 月 7 日，北运河通州水文站最大洪峰达 823 立方米每秒，通县境内大小河道堤防决口达 50 多处，河水漫流，低洼地区一片汪洋，房屋进水，公路交通中断，全县 510 多个村庄遭灾，倒塌房屋 9000 多间，死 14 人，伤 11 人，有 1.3 万多公顷（近 20 万亩）农田颗粒无收。全市粮田 17.2 万公顷（约 258 万亩）受灾，主要分布在通县、顺义、大兴、房山、良乡、朝阳、平谷等县区。

1955 年

年降水量 933 毫米，比常年多近 1/3。汛期降雨 740 毫米，其中 8 月中旬平均降雨 251 毫米，比常年同期多 3 倍。大兴县凤河、天堂河、大龙河等漫溢 80 多处，决口 43 处，农田积水 21 万亩。清河的树村、清河、关西庄、后屯等堤防决口、漫溢 16 处；凤河烧饼庄一带积水齐腰；左岸大营小埝漫溢决口 200 多米，郊区农田 12.1 万公顷（约 182 万亩）被淹成灾。

1958 年

年降水量 768.6 毫米，汛期降雨 677.6 毫米。主要集中在 7 月上中旬，共降雨 297 毫米，比多年平均值多一倍以上。7 月 3 日至 4 日，平谷 6 小时降雨 247.0 毫米，积水深 3 米，淹没庄稼 20 余万亩，冲走 10 人。7 月 10 日，全市普降暴雨至特大暴雨，怀柔黄花城 24 小时降雨量 242 毫米。7 月 13 日至 15 日，通县、顺义、平谷、密云等县降暴雨，最大日雨量 271 毫米。7 月 14 日，潮、白两河洪水由密云城关的东门入城，水深达 1.2 米左右，城里城外一片汪洋，沿河 20 多个村庄被水围困。同日，潮白河苏庄水文站出现 3480 立方米每秒洪峰，顺义县王家场村到沙务村北右堤坍塌溃决 60 多米，很快扩展到 150 米，决口流量约 500 立方米每秒，经驻京部队官兵、市、县机关干部和 3000 多名群众共同拼搏，18 日晚 8 时将决口堵复。15 日，平谷、海淀、门头沟、房山等区县降暴雨，平谷镇罗营 24 小时降雨量 172 毫米，触发泥石流，死亡 12 人，毁房 14 间，全市受灾面积 2.5 万公顷（约 38 万亩）。

1962 年

7 月 8 日，延庆、门头沟、房山、昌平、怀柔降暴雨至特大暴雨，房山史家营日降雨量 235.3 毫米，昌平老峪沟日降雨量 300 毫米，降雨时间短，强度大，造成山洪暴发，沿途庄稼、树木被冲毁，积石 1 米多厚，死亡 3 人；23 日，密云、怀柔连续降雨，至 26 日，过程降雨量达 200 毫米，密云下屯为 274 毫米，致 18 个乡遭受洪水灾害毁田 6000 余亩，倒房 700 余间，死亡 4 人，怀柔杨宋等 3 个乡洪涝过水作物 1 万余亩。24 日至 25 日，平谷、大兴、通县连降暴雨至特大暴雨，黄松峪 343 毫米，将军关 402.8 毫米；平谷县城 255.9 毫米；大兴安定 218.4 毫米；通县 353.3 毫米。造成作物被淹，减产或绝收，房屋倒塌，人员伤亡，平谷粮食减产 600 多万斤，通县 7800 余亩绝收，倒房 4800 余间。

1969 年

年降水量 806.1 毫米，其中汛期雨量 687.8 毫米。比常年同期多三成。8 月 9 日，全市普降大到暴雨，中心位于通县牛堡屯三日降雨 248 毫米，怀柔、密云两县受灾较重，10 日，怀柔县枣树林日降雨量 279 毫米，琉璃庙、奇峰茶、西庄、八道河暴发泥石流，死亡 159 人，密云石城乡死亡 59 人，两县受伤 120 人。京郊农田洪涝灾害严重，全市 10.1 万公顷（约 151.5 万亩）受灾。由怀柔至河北省丰宁县公路路基和桥梁被毁。潮白河支流沙河洪峰流量 600 立方米每秒，京承铁路桥发生倾斜，造成 354 次列车机车和行李车翻倒，10 余人受伤。20 日，怀柔、密云、延庆、昌平、平谷、房山等地，再降暴雨至大暴雨，怀柔八道河日降雨量 124.7 毫米，枣树林雨量 158.9 毫米，出现泥石流。

1976 年

年降水量 641.7 毫米，其中汛期 559.4 毫米。7 月 23 日，密云、怀柔、大兴降暴雨，冯家峪一带，骤降暴雨，山洪引发泥石流。本次暴雨中心在田庄水库，从凌晨 2 点 30 分至 14 点，总降雨量 358 毫米，其中 11 时到 12 时，1 小时降雨量 150 毫米，致使田庄水库洪水漫坝溃决，垮塘坝 1 座，淤平塘坝 5 座。潮河大桥被冲断，死亡 104 人，冲毁房屋 2500 余间，冲毁耕地 0.13 万公顷（近 2 万亩），冲走库存粮食 19.2 万公斤，全市局部受涝面积 2 万公顷（30 万亩）。

1977 年

年降水量 738.2 毫米，其中汛期 526.8 毫米，主要集中在 6 月 24 日至 7 月 2 日和 7 月 20 日至 8 月 3 日，雨区在密云西部和怀柔东部。顺义、昌平、延庆、房山、通县等降暴雨至大暴雨。7 月 29 日，密云番字牌日雨量 123.4 毫米；8 月 2 日，海淀颐和东闸日雨量 139.8 毫米。山洪、泥石流并发，死亡 14 人。中茬玉米受涝 1.87 万公顷（约 28 万亩），三茬玉米受涝 6.67 万公顷（100 多万亩），小麦发芽霉烂损失近亿公斤。

1979 年

年降水量 661.8 毫米，其中汛期降雨量 535 毫米。7 月 17 日和 24 日，全市大部分地区先后降暴雨至大暴雨，连续降雨约 150 毫米，致使城、近郊区局部地段人防工事、地下水管和电缆沟漏水，房屋倒塌 240 余间，马路下沉 260 处，影响交通 29 处，150 户民居进水，8 个工厂不能正常生产。17 日，房山县马各庄日雨量 166.8 毫米。8 月 10 日至 15 日，连续降雨，10 日房山县张坊日雨量 175.7 毫米，14 日密云县黄土梁日雨量 138.0 毫米，15 日大兴县半壁店日雨量 133.2 毫米，天堂河、凤河、旱河等小河漫溢、决口 43 处，受涝面积 2.5 万公顷（约 38 万亩）。8 月 9 日至 16 日，平谷县降雨 200 毫米，大华山达 328 毫米，全县 20 多个乡 112 个村受灾，5 万亩农田被淹。全市涝地 66 万亩，倒房1.2万间，伤亡7人。

1984年

8月8日至9日，全市大部分地区连降暴雨至大暴雨，通县侉店日雨量196.3毫米，全市受涝面积3.5万亩，有些地方塌方、有些地方铁路路基下沉，京包、京通、京秦铁路断道17小时，长途汽车122条线路停运。

1985年

5月24日，平谷、延庆降暴雨，延庆花盆乡冲毁土地800亩，冲毁山区公路7000多米，填平饮水井8眼，损失化肥10多吨，冲走幼树1000余棵。7月2日，全市大部分地区降暴雨至大暴雨，右安门日降雨量109.3毫米，房山城关镇3名学生被洪水淹死，冲走原煤1300吨，受灾农田5万亩。7月28日，昌平、怀柔、密云降暴雨至大暴雨，昌平下庄日雨量200.8毫米，引起山体滑坡，毁坏公路11.6公里，冲走果树2628棵，8月5日，平谷、密云、顺义、通县降暴雨至大暴雨，平谷将军关日雨量128.9毫米，山洪暴发造成京承铁路118公里处塌方堵塞，停运4小时，农田受灾1.8万亩，倒房1100间。8月20日，怀柔、房山、石景山、海淀、城区降暴雨至大暴雨，颐和园日雨量113.6毫米，西城区6处人防工事塌陷，海淀区30户人家被水包围。

1989年

7月21日至22日，全市大部分地区降暴雨至大暴雨，平谷西峪水库日雨量198.5毫米。由于山洪暴发，密云番字牌等地发生泥石流，死亡18人，重伤8人，轻伤432人，冲毁房屋7502间，耕地 8300 亩，林木 161.4 万株。冲毁鱼池 42 亩，公路 125 公里，高低压线路 57 公里、通信线路 61 公里、广播线路 19.1 公里和扬水站 54 处，冲毁淤平大口井 85 眼，580 人无家可归，5722 人有家不能归。市民政局拨款和物资，对灾民生活作了临时安置。市政府协调各部门，集中解决山区受重灾的 37 村 432 户，危房 1829 间的搬迁或改建问题，市政府拨补助搬迁费 146 万多元。

1990 年

7 月 4 日至 7 日，全市大部分地区降暴雨。7 月 4 日，平谷县大华山日雨量 72.5 毫米，水冲农田 291 亩，倒伏玉米 7.19 万亩，倒树木 9300 棵，砸坏房屋 40 间。7 月 24 日，西城区南部和丰台区降暴雨至大暴雨，南苑乡 3 小时降雨 70 毫米，广安门日雨量 131 毫米。马连道一带积水 40 ~ 50 厘米，2186 吨粮食被水泡，受灾农田 5000 亩。8 月 1 日，全市大部分地区降暴雨至大暴雨，房山区良乡日雨量 154.4 毫米。全市 18 条公交线路不同程度受阻，丰台区积水最深处达 1 米，1609 户房屋进水，长辛店 6 座桥被洪水冲坏，受淹菜田 3000 余亩。

1995 年

7 月 13 日至 14 日，城近郊区及部分远郊区降暴雨至大暴雨，大兴县安定日雨量 108 毫米，城近郊区立交桥下大面积积水，部分桥梁和涵洞发生水灾，导致交通堵塞。

1996 年

7 月 30 日，全市普降大雨到大暴雨，密云水库日雨量 152.1 毫米，顺义北小营日雨量 230 毫米，市内 10 多条公交线路受阻停运，首都机场航班延误，上千名旅客滞留，京承铁路北京段停运4小时。8月4日至5日，全市再降大到暴雨，顺义向阳闸日雨量172毫米。拒马河发生1720立方米洪峰，房山区南尚乐镇9个村3700户，约1.2万人被洪水围困70多小时，迫使207个工矿企业停产。十渡风景区交通中断11天，农田成灾面积8万亩，绝收2万亩，周张铁路房山段出现1万立方米山体滑坡。8月6日，由于连降暴雨，门头沟区潭柘寺镇赵家台村，处在滑坡体上的117间房屋出现不同程度裂缝和坍塌，市、区领导赶赴现场，组织该村59户165人转移。7月至8月，共有13个区县90个乡镇300多个村不同程度受洪涝灾害，倒塌房屋70多间，2.7万间受不同程度损坏；农田受灾面积3.1万公顷（约46.5万亩），其中绝收2133公顷（约3.2万亩）粮食减产1.3万吨，水产损失16万公斤。冲毁、损坏桥梁15座，公路85公里，堤防15公里，损坏橡胶坝3座。

1998年

6月30日，全市普降暴雨，大兴、通县、朝阳、丰台等区县降特大暴雨，通县取中庄日雨量281.4毫米，城区部分路段积水，有的立交桥下积水深达1米，车辆受阻，八达岭高速公路东辅线清河桥路段发生大面积塌陷，通县一农民被淹死。

2002年

8月1日夜，密云县部分地区出现了局地大暴雨天气。该县石城镇近4个小时雨量达280.2毫米，全镇有6个行政村和4个旅游景区受灾，九和村发生泥石流。据镇政府统计，造成直接经济损失 1823 万元。由于及时采取了有利的排险措施，确保了人员无伤亡。

2005 年

全年降水比常年偏少 23%，夏季降水比常年偏少 23%。夏、秋季降水偏少，秋季出现较为严重的旱情，并一直延续到翌年春季。7 月 23 日，全市有 14 个测站降水达暴雨量级，房山区霞云岭站日降水量达 150.5 毫米，是年内北京市观测的最大日降水量。暴雨造成大量民房倒塌，2 人死亡，农作物受灾。

8 月 15 日凌晨，密云县石城镇因暴雨造成该镇严重的山体崩塌，致使当地公路和通信中断。

2008 年

全年降水比常年偏多 18%，但夏季降水比常年偏少 9%。6 月 13 日傍晚，城区出现局地暴雨，造成西四环沙窝桥下严重积水，城铁知春路、地铁积水潭和长椿街等站被迫暂时封站，知春路城铁桥下严重积水，最深处近 2 米，首都机场部分航班延误或取消。

7 月 23 日，暴雨袭击北京市，14 ~ 20 时，大兴区采育最大降雨量达 64.2 毫米。受本地及周边地区雷雨天气影响，首都机场 100 余架次进出港航班延误。

2010 年

全年降水接近常年，夏季降水比常年偏少 19%。8 月 21 日出现全市性大到暴雨天气，受暴雨影响，昌平区兴寿镇连山石村出现山体滑坡，导致进山主路被阻断。房山区十渡景区金鸡岭生态观光园旁，发生小范围山体滑坡。土石从约 6 米高处挤垮路边的水泥墙，倾泻到路上，石块砸坏两辆汽车，并将 3 人剐伤，事故导致通往仙栖洞的道路被阻断。

2012 年

7 月 21 日至 22 日 8 时左右，中国大部分地区遭遇暴雨，其中北京及其周边地区遭遇 61 年来最强暴雨及洪涝灾害。截至 8 月 6 日，北京有 79 人因此次暴雨死亡。根据北京市政府举行的灾情通报会的数据显示，此次暴雨造成房屋倒塌 10660 间，160.2 万人受灾，经济损失 116.4 亿元。

干旱灾害

史籍中记载北京地区发生的旱灾最早见之于西汉时期，但早期史书对旱灾的记载过于简略，元明之后才逐渐详细。北京地区历代干旱灾情如下：

西汉时期

关于这一时期的自然灾害，史籍记载不多，初步查到的有：任昉《述异志》载:汉武帝时,广阳县（今房山区南、北广阳城村）雨麦。《汉书·五行志》载：宣帝本始三年（前71年）夏，大旱，东西数千里。《汉书·成帝纪》载:鸿嘉四年（前17年）,水旱为灾，关东流冗者众，青、幽、冀部尤剧。

东汉至南北朝时期

据史籍记载，这一时期，幽州地区共发生严重旱灾5次，严重旱蝗灾4次,大旱风3次。一般重大旱灾往往伴随着蝗灾、大疫、大饥。《后汉书》卷七十三《公孙瓒列传》载：东汉献帝初平四年（193年）,幽州地区旱灾严重。此外，西晋武帝太康六年（285

年）、惠帝永宁元年（301 年）、北魏太武帝太延元年（435 年）、北魏孝明帝熙平三年（518 年）也发生严重旱灾，受灾严重，甚至出现“人相食”的惨剧。

隋唐及五代时期

隋朝虽短，但北京地区也有旱灾。《隋书》卷二十二《五行志》载：“大业四年（608 年），燕、代缘边（今北京、河北北部和山西东北部地区）诸郡旱。”旱灾严重影响了灾区的农业生产，以致翌年（609 年）“燕、代、齐、鲁诸郡饥”。

唐自贞元元年（785 年）始有幽州旱灾的记载，据《全唐文》卷五百零五《刘（济）公墓志铭》载：“（幽州）比岁大旱，蝝蝗为灾。”又据《新唐书》卷一百九十七《卢弘宣传》载：唐武宗会昌六年（846 年）春季，幽州等地区又发生大旱，饥荒严重。

辽　代

《宋史》卷七《真宗纪》载：辽圣宗统和二十六年（1008 年）正月，南京因去年秋冬干旱，春季冬小麦返青疏缺，遣使赴北宋“求市麦种”，补种春小麦，以度荒年。又据《辽史》卷二十二《道宗纪二》载：咸雍三年（1067 年），“是岁南京旱蝗”。辽代南京地区仅有两次旱灾的记述，有关蝗灾的记载却有 8 次，旱蝗灾害严重。

金 代

文献记载，金中都地区旱灾比较集中的年份有两段，一是海陵王贞元三年至世宗大定四年（1155—1164年）的10年间，断续发生5次旱蝗之灾；二是章宗泰和二年至卫绍王大安三年（1202—1211年）的10年间，断续发生7次旱、蝗、风灾，其中还有连续4年大旱的高峰期。据《金史》载：章宗泰和二年（1202年）四月癸卯，命有司祈雨，冬，无雪。三年（1203年）四月，旱，大风。四年（1204年）三月丁卯，日昏无光，大风毁宣阳门鸱尾。癸酉，命大兴府祈雨。四月甲寅，以久旱，下诏责躬……免旱灾州县徭役及今年夏税。五月己丑，祈雨于北郊。五年（1205年）夏，旱。连续数年的干旱，使金中都地区的农业生产遭到严重伤害，因得不到喘息和恢复的机会，灾情越积越重。

另外，金中都地区的水旱灾害，多为春旱而夏秋涝。如章宗明昌三年（1192年）及承安四年（1199年）、承安五年（1200年），这几个年份都是水旱兼而有之，但以干旱为主。《金史·五行志》记载，世宗大定十六年（1176年），三月中下旬，南宋周辉从使节出使金后南归，其述朔北气候云："一路红尘涨天，热不可耐，若江南五六月气候。"这种天气极易出现旱情。

元 代

元代，大都地区发生旱灾共有18个年份，其中至元十四年至二十三年（1277—1286 年）的 10 年间，有 3 年干旱成灾，平均 3 年多一次；从大德五年至至正二十年（1301—1360 年）的 60 年间，有 15 年旱灾，平均 4 年发生一次。其中大德九年、十年（1305 年、1306 年）连续两年大旱。元代大都地区往往旱、涝发生在同一年间，即春旱秋涝。据统计，元大都发生旱灾的 18 个年份中，有 15 个年份亦发生轻重不同的水灾，约占旱灾总年份的 80%。尤其是皇庆二年至延祐二年（1313—1315 年），连续 3 年均为先旱后涝。据《元史·仁宗纪一》载：皇庆二年（1313 年），自去年秋季不雨至是年三月春季，气候亢旱，三月丙辰始降雨。至九月，京师复大旱，十二月甲申，京师久旱，一冬无雪，人多疾疫。次年（1314 年）春又无雨，“草木枯焦”。再一年春，檀、蓟等州大旱。

据文献记载：

至元十四年（1277 年）三月，去冬无雪，春泽未继。

至元十七年（1280 年）八月，大都等地旱。

至元二十三年（1286 年）五月，京畿旱。

大德五年（1301 年），京畿大旱，自春至五月中旬。

大德九年（1305 年）五月，大都旱。

至大二年（1309 年）五月甲辰，御史台臣言：京师工役正兴，加之岁旱乏食，民愚易惑，所关甚重。

皇庆二年（1313 年）三月，去秋至今春亢旱，民间乏食，天又少雨。九月，京师大旱。十二月甲申，京师以久旱，民多饥疫。

延祐元年（1314 年），是岁，大都檀、蓟等州冬无雪，草木枯焦。

延祐二年（1315 年）春，檀、蓟、漷州旱。

延祐七年（1320 年）四月，大都左卫屯旱；五月祷雨。

泰定三年（1326 年）三月乙巳朔，不雨。

天历二年（1329 年）三月壬申，以去冬无雪，今春不雨，祷雨丁亥，雨土，霾。六月，亢阳为灾。大都路等县春夏旱，麦苗枯。

（后）至元六年（1340 年），是岁，燕南亢旱。冬，京师无雪。

至正二年（1342 年），京畿不雨；冬无雪。

至正八年（1348 年）春，房山大旱，四月始降雨。

至正十三年（1353 年），是岁，自六月不雨至八月。

至正二十年（1360 年），是岁，通州旱。

明　代

明代，北京地区出现轻重不同的干旱年有 162 个，平均不到两年就有一年发生旱灾。从天顺年间（1457—1464 年）起，北京地区旱灾便多有发生，8 年间，遭遇旱灾 6 次，其中一般旱灾 2 次、大旱灾 3 次、特大旱灾 1 次。成化年间（1465—1487 年），干旱更为严重，是明代北京地区发生旱灾最多的一个时期。23 年中，有 19 个年份遭遇旱灾，其中一般旱灾 8 次、大旱灾 8 次、特大旱灾 3 次。弘治在位（1488—1505 年）的 18 年中，遭遇了 12 次旱灾，其中一般旱灾 6 次、大旱灾 5 次、特大旱灾 1 次。正德在位（1506—1521 年）的 16 年中，有 11 个年份遭遇旱灾，其中一般旱灾 6 次、大旱灾 4 次、特大旱灾 1 次。嘉靖年间（1522—

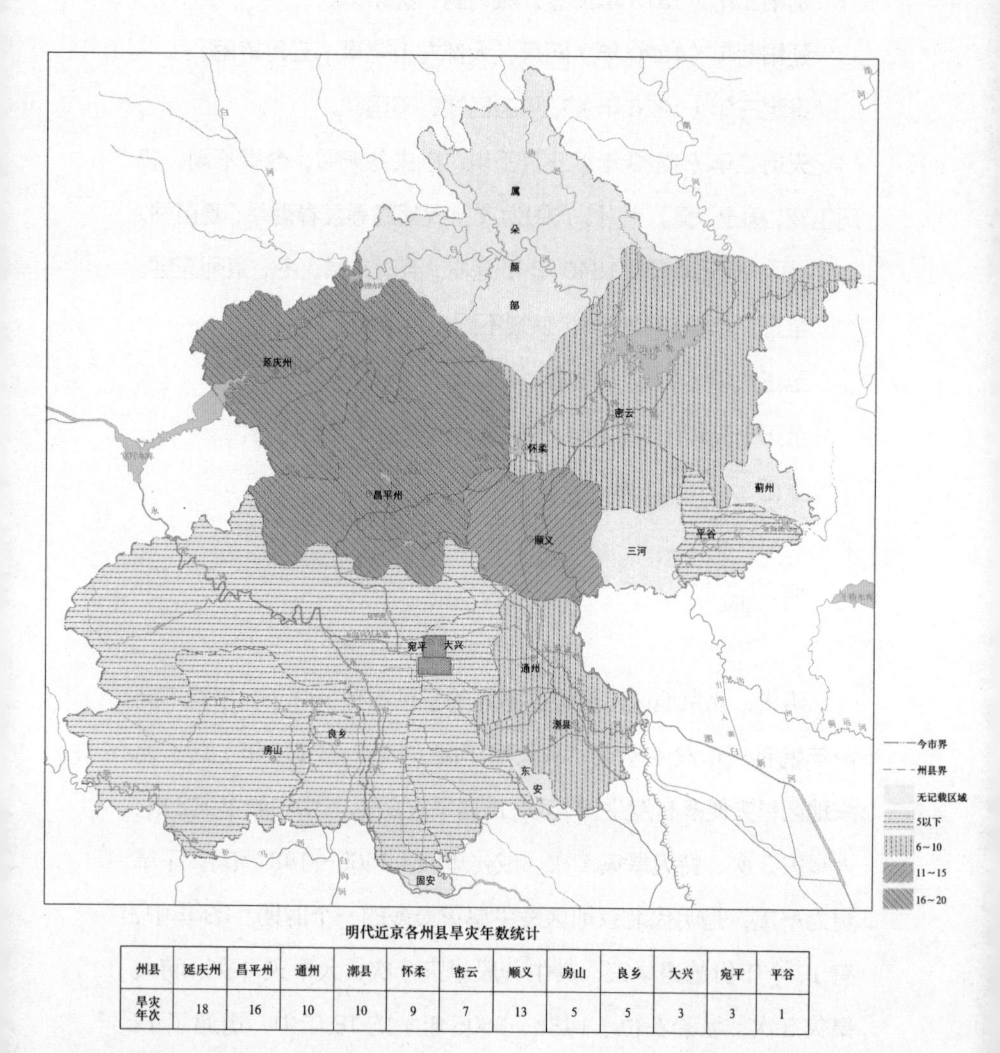

明代近京各州县旱灾年数统计

州县	延庆州	昌平州	通州	漷县	怀柔	密云	顺义	房山	良乡	大兴	宛平	平谷
旱灾年次	18	16	10	10	9	7	13	5	5	3	3	1

明代北京地区各州县旱灾记录分布图

1566年)，北京地区旱灾不仅频繁发生而且比较严重，在45年间，有33个年份遭遇轻重不同的旱灾，其中一般旱灾20次、大旱灾12次、特大旱灾1次。隆庆年间（1567—1572年）虽只有6年，但遭遇2次大旱。万历皇帝在位（1573—1620年）48年，出现旱灾37次，其中一般旱灾21次、大旱灾12次、特大旱灾4次，并出现多次连年干旱。崇祯年间（1628—1644年）是明代旱灾史上又一个高发期，17年中遭遇旱灾12次，其中一般旱灾5次、大旱灾4次、特大旱灾3次。通过上述统计，可明显看出：明代是北京地区旱灾的多发期，不仅次数频繁，而且旱情也比较严重。

清　代

清代，北京地区有160个年份出现轻重不同的旱灾，约为十年六旱。轻者延误农时，伤害农作物的生长，造成减产；重者或无法耕播，或禾苗干枯，颗粒不收，甚至人畜饮水都相当困难。清康熙皇帝曾深有感触地说：“京师初夏每少雨泽，朕临御五十七年，约有五十年祈雨。”(《清圣祖仁皇帝实录》)可见旱灾之频繁。乾隆亦多次对京师旱灾表示焦虑。《清高宗纯皇帝实录》载：乾隆十年（1745年）五月戊午旨：“十年九忧旱……今三夏已届，盈尺未沾。”又乾隆二十四年（1759年）六月庚申曰：“朕承命嗣服，今二十四年，无岁不忧旱，今岁甚焉。”乾隆的忧虑充分说明了北京旱灾的严重性。

清代在北京地区发生的160个旱灾灾年中，灾年连续发生最

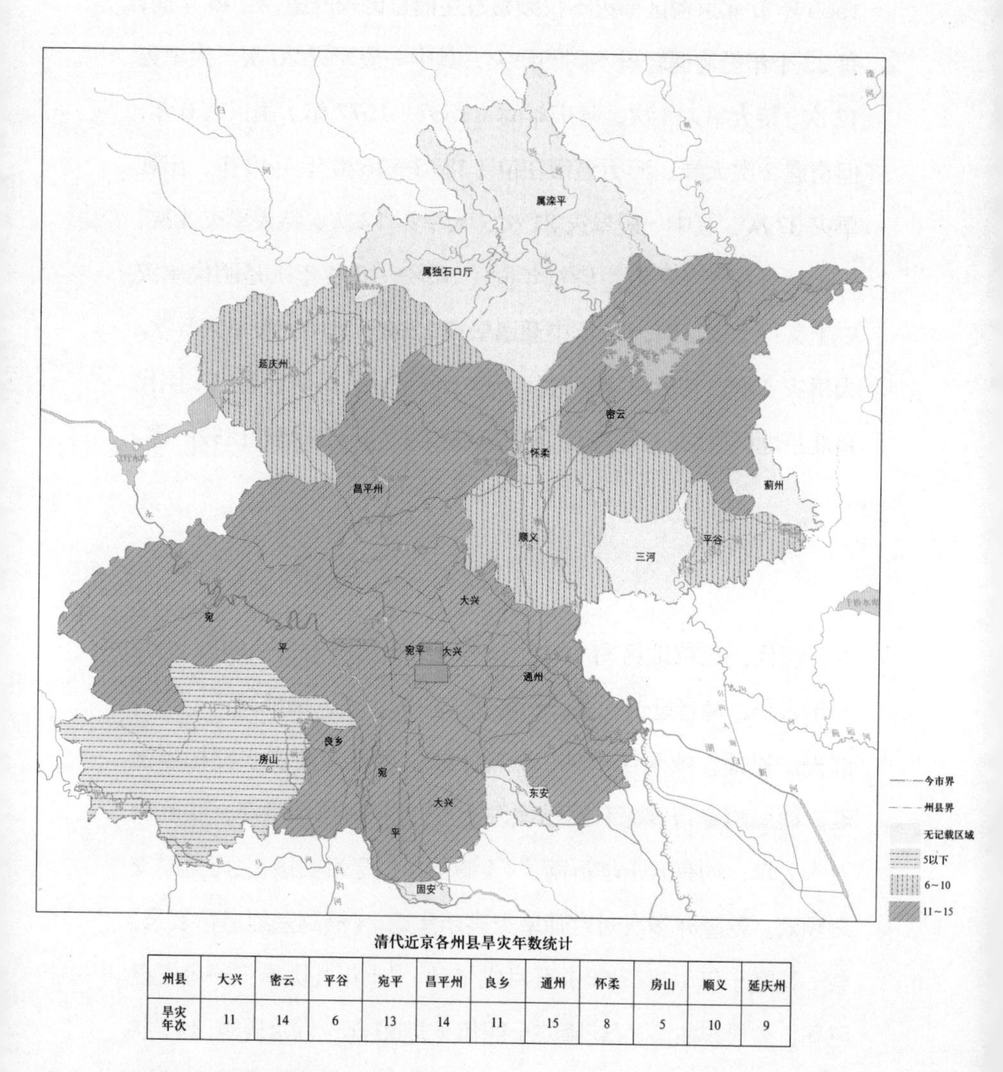

清代近京各州县旱灾年数统计

州县	大兴	密云	平谷	宛平	昌平州	良乡	通州	怀柔	房山	顺义	延庆州
旱灾年次	11	14	6	13	14	11	15	8	5	10	9

明代北京地区各州县旱灾记录分布图

长的达8年，共两次，即康熙十六年至二十三年（1677—1684年），光绪元年至八年（1875—1882年）；特大旱灾有4年，即康熙二十八年（1689年）、道光十二年（1832年）、同治六年（1867年）和光绪二年（1876年）；大旱灾69次、一般旱灾87次。

中华民国时期

民国时期，北京发生旱灾有18年，平均约2年发生1次。连续2年干旱发生2次，即1941年、1942年和1947年、1948年。据北平气象站观测，1941年，全年降水量354.6毫米（为北平站点雨量，下同），其中1月至5月降水量只有17.8毫米。1942年，全年降水量477.6毫米，其中1月至5月降水量39.5毫米。1947年，全年降水量602.4毫米，其中1月至5月只有43.6毫米，10月至12月更少，仅12.4毫米。1948年，全年降水量534毫米，其中10月至12月18.7毫米。

连续3年干旱发生2次，即1928年至1930年和1934年至1936年。1928年全年降水量为581.4毫米，其中10月至12月降水量28.9毫米。1929年全年降水量751.9毫米，其中1月至5月降水量30.4毫米。1930年全年降水量451.5毫米，其中6月至9月降水量299.4毫米。1934年全年降水量660.9毫米，其中10月至12月降水量8.8毫米。1935年全年降水量385.1毫米，其中1月至5月降水量4毫米。1936年全年降水量406.9毫米，其中汛期6月至9月降水量330.3毫米，10月至12月降水量

12.4 毫米。

连续 4 年干旱发生一次，即 1920 年至 1923 年。据北平气象站实测，各年降水量分别为 276.7 毫米、266.2 毫米、837.9 毫米、379.5 毫米。各年 1 月至 5 月降水量分别为 27.3 毫米、40.2 毫米、27.7 毫米、32.4 毫米；10 月至 12 月分别为 11.7 毫米、11.2 毫米、4 毫米、8.9 毫米。

据文献记载：

民国五年（1916 年），入春未雨，入夏天气亢旱，四郊一望无际，全都枯枝焦叶。

民国十一年（1922 年），今年之旱较往年尤甚，不但井水渐少，自来水之源亦减。由春至今，采育镇至马驹桥一带，并未见雨。顺义春旱。

民国十七年（1928 年），京畿亢旱，入春雨水稀少，京北各区县秋麦缺雨。

民国十八年（1929 年），通县，今年从未降透雨，不但麦收甚歉，五黍高粱等亦将枯死。顺义，春旱麦歉，田未播种。

民国二十一年（1932 年），北平等地出现水荒。6 月 4 日《申报》消息："华北久不降雨，北平亦感缺水之苦，井水多涸。水公司亦仅能于晨间间断供给，清晨之后则全然无水。北平四乡与华北各处现亦同苦缺水。"

民国二十五年（1936 年）7 月 19 日报道，各县缺水，旱象已成。昌平，入春以来，雨量缺乏，入夏雨量亦少，暑伏期间，未降透雨，以致田地龟裂，禾苗枯萎；通县入春以来雨泽愆期，土地干燥，麦谷均未下种，节气已过，仍滴雨未降；入夏以来，天气亢旱，土地干燥，致布种期被延误。8 月 22 日报道，延庆天久不雨，秋收恐难超过五成。

民国二十八年（1939 年），丰台及附近一带，入春以来未落滴雨，禾苗均形枯槁，麦苗尤萎靡不振。房山、良乡，夏秋惨罹水灾，后即亢旱异常。密云，本年亢旱，禾稼荒枯，白河、潮河之水尽涸，人民仅靠井水，而又感不足。

民国三十六年（1947 年），立春以来，雨水稀少，天时燥烈，小麦枯死。大兴，春夏初亢旱。房山，自春入夏滴雨未落，旱灾已成。

中华人民共和国时期

1949 年至 2000 年的 52 年间，北京地区严重和比较严重干旱的年份共 11 年，一般干旱年 18 年。山区干旱比平原严重；春旱约占 52 年中的 70%，6 月至 9 月的“掐脖旱”约占 25%。根据降水资料统计，北京地区的年降水量呈下降趋势，20 世纪 50 年代年平均降水量为 741 毫米，60 年代为 595 毫米，70 年代为 581 毫米，80 年代为 562 毫米，90 年代为 559 毫米，90 年代比 50 年代年降水量减少 182 毫米。说明北京地区从 60 年代开始由工程型缺水向综合型缺水发展，成为资源型缺水城市。另外，由于中华人民共和国成立后兴建的水利工程发挥重要作用，城市缺水和农业受旱面积已大为减少。

1951 年年降水量 440 毫米，汛期仅降水 265 毫米，不及常年一半，其中7月份只降水49毫米，不足常年同期1/4，造成严重的“掐脖旱”。

1957年年降水量516.2毫米，汛期降雨442毫米。1月至5月降水量57.4毫米，其中夏粮生长关键时刻和大秋作物播种季节的5月份，只降雨3.9毫米，旱情严重，夏粮大幅度减产，比上年减产四成。

1962年年降水量463.4毫米，其中汛期395.7毫米。7月25日后，降雨偏小（8月份仅降雨28毫米），郊区有20万公顷（约300万亩）农作物受旱，其中8万公顷（约120万亩）麦茬作物、花生、晚谷受旱严重。麦茬玉米和晚谷赶上了“掐脖旱”，春作物壮粒不足：花生叶子翻白，坐不住伏果；麦茬薯伸不出蔓，坐薯困难，豆类落叶、落花，秋粮产量锐减；秋菜、冬小麦播种也受到影响。

1963年，担负城区及工业供水任务的官厅水库4月至6月供水3.29亿立方米，汛期库水位已低于死水位近1米，7月份平均入库流量仅13.1立方米每秒，致使供水紧张。为保证市区工业和农田抗旱急需用水，继续放水47立方米每秒（其中工业21立方米每秒，农业26立方米每秒）。至8月6日，库水位低于死水位3.05米，连续运行长达4个月。全市受灾面积100万亩。

1965年年降水量377.2毫米，比多年平均值少四成。汛期降雨324毫米，也比常年同期少四成以上。1月至6月上旬降水量仅41.6毫米，干旱严重，由官厅、密云两大水库全年为农业供水9.55亿立方米，比上年多供5.72亿立方米，为京郊提供了较充足的灌溉用水，除部分山区无水源条件外，仅朝阳和顺义统计受旱面积 1.07 万公顷（约 16 万亩），全市受旱面积 110 万亩。因水利工程发挥了效益，大旱之年基本无大灾。至 11 月下旬，官厅水库水位已降到死水位以下 1 米有余，水源危机长达 7 个月，十分严重。

1972 年年降水量 445.3 毫米，比多年平均值少三成。从 1971 年 10 月起至 1972 年 7 月 19 日前的 9 个多月中，降水量仅 71.7 毫米，不足常年同期的 40%，据统计，全市受旱面积达 20.8 万公顷（约 312 万亩），成灾面积 13.5 万公顷（约 203 万亩），粮食总产比上年减产 2.5 亿公斤。

1976 年，自上年 8 月下旬至今年 5 月底连续干旱少雨，降水量仅 74 毫米，比常年同期少 1/3。加之官厅、密云两大水库上年蓄水量少，今年供农业用水由上年的 9.1 亿立方米减少到 5 亿立方米，致使夏粮严重干旱，大秋作物播种困难。全市受旱面积 10.67 万公顷（约 160 万亩），其中成灾面积 2.67 万公顷（约 40 万亩），全市粮食大幅度减产。官厅水库对农业用水停供，工业用水仅维持最低量（18 立方米每秒），水位低于死水位运行时间长达 3 个月之久，库容虽有 1.46 亿立方米水，但扣除妫水河拦沙坎放不出的 0.8 亿立方米，仅剩 0.66 亿立方米的泥沙水可供，水源危机十分严重。

1982 年年降水量 595 毫米，其中汛期降雨 527.6 毫米。本年 1 月至 5 月仅降雨 39 毫米，给夏粮生长和大秋作物播种带来很大困难。据统计，全市粮食作物受旱面积 12.9 万公顷（约 193.5

万亩），其中成灾面积 2.24 万公顷（约 33.6 万亩），减产粮食 1 亿公斤，受灾人口 22.7 万人。

1986 年春季，本市山区雨量较少，延庆、密云、房山春旱较重。据统计，全市受旱面积 7.53 万公顷（约 113 万亩），其中成灾面积 3.47 万公顷（约 52 万亩），约计减产 0.9 亿公斤。

1992 年春季雨量明显偏少，山区干旱严重，据统计，受旱面积 5.33 万公顷（约 80 万亩），其中成灾面积 1.67 万公顷（约 25 万亩）。

1993 年年降水量 419.9 毫米，其中 1 月至 5 月降水量仅 29.2 毫米，汛期降水 364.5 毫米。去年秋旱以来，接着春旱、夏旱和伏秋旱。地下水位比去年同期下降 1.72 米，山区人畜饮水发生困难。据统计，全市受旱面积 7.33 万公顷（约 110 万亩），其中成灾面积 3 万公顷（约 45 万亩）。

1999 年年降水量 350.5 毫米，其中汛期降雨 255 毫米，加之夏季持续高温（6 月 24 日至 7 月 2 日连续 9 天气温超过 35 摄氏度，7 月 24 日出现 42.2 摄氏度），旱情严重。据统计，全市受旱面积 13.2 万公顷（约 198 万亩），其中成灾面积 5.33 万公顷（约 80 万亩），绝收面积 1.47 万公顷（约 22 万亩）。

2000 年年降水量仅 435.2 毫米，其中汛期 319.6 毫米，而且持续高温 35 摄氏度近一个月，地下水位下降，有 18 万人、2.2 万大牲畜出现饮水困难，严重影响农作物生长。据统计，全市受灾面积 16.53 万公顷（约 248 万亩），其中成灾 5.34 万公顷（约 80 万亩），绝收 1.47 万公顷（约 22 万亩），约计减产粮食 1.8 亿公斤，果品减产 0.8 亿公斤，直接经济损失 7.6 亿元。

2005 年，全年降水比常年偏少 23%，夏季降水比常年偏少 23%。夏、秋季降水偏少，秋季出现较为严重的旱情，并一直延续到翌年春季。

历代重点干旱灾情

旱灾由于发生范围广、持续时间较长，所以对北京的农业生产和人民生活影响比较大。明代以后，北京地区的重点旱灾灾年或多年连续干旱而形成的大旱期共有 13 个。其中明代有 3 个，清代有 3 个，民国有 4 个，中华人民共和国成立后有 3 个。明代的 3 个都是多年连续发生干旱的大旱期，这也反映出明代的旱灾最为严重。

明成化年间大旱期

成化年间（1465—1487 年）是明代北京地区旱灾发生频率最高的时期。23 年中只有 4 年未见有旱灾记录，其他年份均有轻重不同的旱情发生。据《明宪宗实录》记载：成化四年（1468 年）、六年（1470 年）发生两次严重旱灾，“春夏亢旱不雨”“二麦无收”“赤地千里”。之后又有连续 16 年的大旱期。成化八年（1472 年）农历二月始，京畿地区连月不雨，竟日大风，致使土地干坼，秋禾不能下种，运河都已干涸。秋冬时节，京城“饥民比肩接踵，丐食街巷……冻饿而死者在在有之”。第二年又逢大旱，开春后，因缺乏种子，田地抛荒不少。由于旱灾严重，明廷蠲免了灾区的若干秋粮及草料负担。自冬历春至夏，“雨雪少降，狂风弥月”，致使土干麦槁，民不聊生，朝廷束手无策，曾命文武群臣致斋3日，并禁止天下屠宰；又派官吏四处祈祷神灵，以期感动上苍，赐下甘霖。成化十年（1474年）农历二月，北京地区下了大雪，旱情有所缓和，但该年秋天又降雨不多，至冬仍干旱无雪，旱情继续发展。此后，直到成化二十三年（1487年），年年春夏干旱，其中成化十一年（1475年）、十六年（1480年）、十七年（1481年）、二十一年（1485年）等年份的旱情都十分严重。如成化十六年（1480年），是从上年的冬季无雪开始，直至春夏不雨，干旱长达八九个月。成化十七年（1481年），干旱使得“二麦未秀，米价涌贵”。成化二十一年（1485年）旱荒使近京一带无数饥民涌入京城求食，期间还常“风霾累日”。成化年间发生的旱灾以成化六年（1470年）、八年（1472年）、九年（1473年）、十七年（1481年）、二十一年（1485年）为最典型。有的年份还伴有蝗灾发生。

明嘉靖年间大旱期

自嘉靖元年至嘉靖四十五年（1522—1566年），北京地区共有33年遭受了轻重不同的旱灾。其中，从嘉靖元年（1522年）的前一年即正德十六年（1521年）始，至嘉靖三年（1524年），有一段连续4年春夏不雨的干旱期。而仅隔一年，从嘉靖五年（1526年）始，至嘉靖十二年（1533年）间，连续8年干旱。所以从正德十六年（1521年）至嘉靖十二年（1533年），几乎年年干旱。其中，出现了1个特大旱灾年和7个大旱灾年。

嘉靖二年（1523年）是特大旱灾年。该年前冬无雪，转年入春后便是“风霾大作”,黄沙蔽天,直到五月（中间还有闰四月）,皆亢旱不雨。持续三季的干旱使得农业生产陷入严重困境,《明世宗实录》卷二十四载:“二麦未秀，秋种未布”;卷二十五载:“畿辅大旱,无麦”,“京师米价腾涌”,田地荒芜,饥民流离。《明史·五行志三》记述这年旱灾的后果是“赤地千里，殍馑载道”。

嘉靖三年（1524年）又是大旱之年。据《明世宗实录》卷四十六载：从农历正月至四月持续不雨，且“风霾蔽天”，还伴有蝗灾发生。持续两年的大旱更加重了北京地区的饥荒。这年秋冬，京城内外冻饿死者随处可见。

《明世宗实录》卷七十一载：嘉靖五年（1526年），“南、北直隶（北京地区属北直隶范围）、江浙诸处亢旱为虐”。《明世宗实录》卷七十五载：嘉靖六年（1527年），北京地区自春初至夏五月亢旱不雨，且“风霾时作”，致使“土脉焦枯”，无法耕种。明廷除例行蠲免当年税粮之外，还发仓粟赈济畿内灾民，罢征顺天府等地以前拖欠的夏税及马价、物料。

其后几年，不是春旱就是春夏连旱。如嘉靖八年（1529年）、九年（1530年）、十年（1531年）、十一年（1532年）、十二年（1533年），或是干旱时间长，或是兼有风沙、蝗虫，导致了“麦槁”“民饥”等严重后果。

在这13年旱期中，只有4年未见文献提及风沙之事，其他年份均是春夏时节“风霾时作”“黄尘蔽空”。说明这段时期内，北京地区的风沙灾害进一步增多加重。其次是蝗灾的伴生，如嘉靖三年（1524 年）、六年（1527 年）、八年（1529 年）、十二年（1533 年）均有蝗灾出现。

除上述这段近 13 年的旱期外，嘉靖年间还出现了多次连年干旱的现象。如嘉靖十七年至二十二年（1538—1543 年）连续 6 年的干旱；嘉靖二十八年至三十二年（1549—1553 年）连续 5 年的干旱；嘉靖三十六年至四十四年（1557—1565 年）连续 9 年的干旱等。

明崇祯年间大旱期

崇祯时期有两个连年干旱的大旱期。崇祯元年至四年（1628—1631 年）连续 4 年干旱。是明代旱灾史上的又一个高峰。据史载：崇祯元年（1628 年）的旱灾为特大旱灾，从春至夏连旬亢旱，至夏末（农历六月）仍未降雨，干旱范围很广，出现畿辅之地“赤地千里”，京师一带“斗米千钱”的景象。该年冬天也未有雪，旱情延续。第二年（1629 年）的春天、夏天，“三伏过半，（仍）酷旱不雨”，秋季庄稼一片焦枯。第三、第四年，史称“风旱异常”，“沙尘涨天”，“畿辅百里，二麦尽槁”，也是大旱之年。

崇祯十年至十四年（1637—1641 年）是第二个连年旱期。期间出现了一次特大旱灾和两次大旱灾。崇祯十三年（1640 年）的特大旱灾，不仅使麦苗枯槁，而且还伤折京郊树木，造成“大饥，饿殍遍野”“人相食，草木俱尽”的惨状。这年的干旱还伴有风沙和蝗灾。

崇祯年间大旱灾年多伴有风沙、蝗灾及瘟疫等其他灾害，因而给社会造成的危害也更大。连年的干旱加重了连年的饥荒，并且日益积聚，使明末社会更加动荡。

清康熙二十八年（1689 年）旱灾

康熙二十八年（1689 年）是特大旱年。据《清圣祖仁皇帝实录》载：是年，闰三月癸亥，谕曰“时已入夏，天气亢阳，农事方殷，雨泽未降”。至五月壬寅，以天时亢旱，命停止一应修葺工程。又过五天，即五月丁未，遣官致祭天坛祈雨。七月丙辰谕户部：“今岁天气亢阳，雨泽鲜少。畿辅地方虽间已得雨，然或甘澍未敷，或播种已后，收获失望。”九月辛亥，又谕户部：“今岁畿辅亢阳为虐，播种愆期，年谷不登，小民艰食……直隶被灾州县卫所，所有本年地丁各项钱粮，除已征在官外，其余未经征收及康熙二十九年（1690 年）上半年钱粮，尽行蠲免。”十月己巳，户部题请“冬月（北京）五城煮粥赈济应照例三月”，又降旨：“今岁年谷不登，民人就食者多……煮粥银米著加一倍。”十二月己卯，又谕大学士、九卿、詹事、科道等：今岁京畿遇旱，小民糊口维艰，数经蠲免钱粮，散给赈济，而雨雪尚未及时……

清道光十二年（1832 年）特大旱灾

《清史稿·灾异志》载：道光十二年（1832 年）“春，昌平大旱，六月始雨”。光绪《顺天府志》载：道光十二年（1832 年），“春，平谷大旱。近城十余里，于六月二十八日始雨，其他处于七月初旬，七月十四、十五日得雨，别无可种，只有种丸（豌）豆、大麦，获微熟，其他禾稼，直至后九月尚未尽熟，经霜而枯。岁大饥”。光绪《密云县志》载：这年“密云县大旱。次年六月（雨）始足。饿殍无数”。民国《顺义县志》载，这年顺义县亦旱。

这年旱象始于春季，延续过夏。《清宣宗成皇帝实录》载：四月癸巳，“以雨泽愆期，命二十二日于黑龙潭、觉生寺祈祷”。五月庚申，复命于黑龙潭、觉生寺祈雨。丁卯，又祈雨。乙亥，谕内阁：“京师入夏以来，雨泽稀少，节过夏至，大田望泽尤殷。”六月庚辰，上步诣社稷坛祈雨。丁亥，上又诣黑龙潭祈雨。己丑谕内阁：“京师入夏以来，甚形亢旱。现在节过小暑，迫不可待，风月炎燥，深切忧劳。”癸巳，上再次步诣方泽坛（地坛）祈雨。由于在北京祈雨不应，甲午，又遣定亲王奕绍诣泰山祈雨，御制祝文曰：“京师自入夏以后，恒阳告愆，云起风随，甘霖未沛，二春既已无望，百谷何以用成。”

这年“节届大暑，尚未获沛甘霖”，直至七月二十七日戌刻，方盼来“浓阴四布，雷电交作，澍雨立沾”的时刻，但顺天府报仅得雨二寸。如此严重的干旱，造成二麦歉收，秋田误时，酿成严重饥荒。六月己亥，据耆英奏：“近日东直、朝阳等门，日进贫民百余人及数十人不等。”又给事中阿成奏：“外来饥民，携男负女，沿街乞食。”密云县出现“饿殍无数”的悲惨景象。直至转年三月，到京城各厂领粥贫民，还是“闻风远至，人数较前更多”。采育、庞各庄两处，每日竟放至一万五千多名。甚至在京东定福庄发生了饥民抢夺官府平粜的米粮之案。面对饥民，六月拨给通州、蓟州、昌平、密云、顺义、平谷六州县粟米三千石、白麦三千石、黑豆二万石平粜。七月庚戌，给米二千二百石，交北京五城分设十厂，自七月初一日起开厂煮赈。六月庚子，降旨“饬查乞储……以平物价”。严防官府平粜粮食时，奸商乘机“雇觅男女老幼，令其代为购买，积少成多，把持垄断”，以使贫寒饥民得到实惠。同时，缓征直隶通州、大兴、宛平、昌平、顺义等十三州县被旱村庄新旧额赋。十一月丙寅，拨京米一万一千八百石，加赈顺义、良乡、房山、昌平、怀柔、平谷等州县灾民。至道光十三年（1833 年）正月，又命发京仓粟米二千石于大兴县之定福庄、采育、黄村及宛平县之卢沟桥、庞各庄、清河六处设厂煮赈。二月，加赏上述六处煮赈粥米二千石，并加赈昌平、良乡、房山、密云、怀柔等州县上年灾民。

清光绪二年（1876 年）旱灾

据《清德宗景皇帝实录》记载：光绪元年（1875 年）冬，雪泽稀少。光绪二年（1876 年）正月癸卯，以“京师去冬得雪稀少，已交春令，农田待泽甚殷……命祈祷”。此后于二月、三月、四月、五月、闰五月等 5 个月内，先后以“雨泽稀少”“京师雨泽愆期”“久未渥沛甘霖”“农田待泽尤殷”等因，祈雨活动达 13 次之多，即每月有二三次祈祷龙王神灵赐雨，然皆无济于事。闰五月戊辰，谕军机大臣等，“近畿一带旱象已形，灾黎糊口维艰，亟应预筹接济。李鸿章前奏，招商贩运奉天粮米赴津，以备转运平粜，业经降旨，准照所清办理。兹该督以仓储久虚，本年旱区较广，必须宽为筹备，已于运道关库动支银十万两，发交轮船招商局分赴奉天、江苏、安徽、湖广等省买米麦杂粮运津，存备赈需”。辛未，又谕内阁，“本年京师及直隶、山东等省，天时亢旱，闾阎困答”。因此，六月壬寅，恩准庆寿等奏请，“将五城粥厂提前三个月，于七月初一日开放。中城之朝阳阁，东城之东坝，南城之打磨厂，西城之长椿寺、赵村，北城之圆通观、梁家园等粥厂，每月共需米三百石，并著照数赏给”。是年，北京的旱灾极为严重，造成“二麦歉收，粮价昂贵，贫民觅食维艰”的困境。

民国九年至十三年（1920—1924年）的大旱期

1920年，黄河流域亢旱异常，直隶等5省发生“四十年未有之奇荒”。北京附近为灾情最重的地区之一。据北京气象站（下同）记录，该地区全年降水量只有276.7毫米，不及常年的一半。据《赈务通告》称，自上年秋至本年秋，雨泽稀少，塘淀干涸，河道断流，各县大部分耕地不能播种。10月6日，京兆尹王瑚向徐世昌呈报夏收情形：“总共京兆各县，夏收约收分数牵均核计三分六厘余，实收三分四厘余”，其中密云等县仅实收二分余。次年1月22日，继任京兆尹孙振家向徐世昌呈报秋收情形：各县平均“实收分数四分九厘余”，其中大兴、宛平、房山、密云等县实收“均止二分”。

1921年又是一个干旱年份，年降水量266.2毫米，有记载的如房山县，自春至秋“滴雨未见，干旱异常”。1922年又发生严重的春旱。1月至5月降水量只有27.7毫米，致使“不但井水减少，即自来水之源也减”，大兴、顺义等地旱情尤重。

1923年又是一个干旱年，全年降水量只有379.5毫米，其中1月至5月降水量仅32.4毫米，至7月才解除旱象。但6月至9月仅降雨338.2毫米，10月至12月降雨雪8.9毫米，干旱仍然很严重。

1924年1月至5月降水29毫米，据《大公报》《申报》报道:

直隶“自春往夏，亢旱已久”，“天旱少雨，灾患极烈”，“麦苗枯槁，四乡农民，祈雨甚殷”。7 月 2 日后，大雨连旬，酿成巨潦，又是雪上加霜。

民国十七年至十九年（1928—1930 年）的大旱期

1928 年，华北地区的旱荒奇重。华北各省上年已见旱象，自本年至 1930 年遂形成了历史上罕见的大荒。据国民政府赈务处编印的《各省灾情概况》一书记载：北平附近各县自冬至夏，迄无雨雪，天气亢旱，秋麦高不及尺。昌平、顺义、怀柔、延庆等地收成不及三成，民不聊生。1929 年，继上年奇旱之后，华北又陷入第二个大荒年。“通县，今年从未降透雨，不但麦收甚歉，五黍高粱等亦将枯死。顺义，春旱麦歉，田未播种。密云，春季苦旱。”1930 年夏，华北仍有局部区县干旱成灾，如通县，“由五月至今（七月）未见透雨，田禾呈旱象”。

民国二十四年至二十五年（1935—1936 年）的旱期

此次旱情实始于 1934 年汛后，1934 年 10 月至 12 月，北京地区记录的降水量仅 8.8 毫米。1935 年据水文记录，北京地区全年降水量 385.1 毫米，属大旱。史料记载：“去冬少雪，入春雨量尤少，终日狂风，炎旱异常。昌平，春夏秋旱；通县，因天气干旱，秋收可虑。”

1936 年又出现连年大旱。该年降水量 406.9 毫米，处于伏天的 8 月份仅降雨 36.8 毫米，造成春夏旱和伏旱。史料记载：“（7 月报道）各县缺水，旱象已成。昌平，春旱、伏旱。今夏雨量稀少，暑伏期间未降透雨以致田地龟裂，禾苗枯萎。通县，春夏旱。入春以来，雨泽愆期，土地干燥，麦谷均未下种，芒种已过，仍滴雨未降。入夏以来，天气亢旱，土地干燥，致布种期被延误。延庆，（8月报道）天久不雨，秋收恐难超过五成。”

民国三十六年（1947年）旱灾

1947年1月至5月仅降雨雪43.6毫米，加之上一年冬季降水少（10月至12月降水量53.6毫米），遂形成严重的春旱。6月11日《大公报》发表一位记者从北平至保定的旅途见闻：“沿路两侧旱象已成，日显惨苦，枯黄矮小之麦苗，遇火可焚，收成多者不过三成，现有连种子不能收回者。”7月27日《大公报》载：“二麦既已歉收，秋禾亦多未播种，各县耕地面积受灾之百分数如下：平谷百分之八十五，通县百分之九十，顺义百分之八十，密云百分之八十，怀柔百分之七十，大兴百分之七十。”

1972年旱灾

自1971年10月至1972年6月底，9个多月降水量仅为71.7毫米，不足多年同期平均值的40%，连续无雨日数达140天，雨量之稀少为50年内所罕见。春季又多大风（3月至6月刮大风25次），土壤墒情严重恶化，山区有的地方1～2尺土层不见湿土，中小河道断流，中小水库多数无水可放，地下水位大面积下降（密云、平谷、顺义等县地下水位比1971年同期下降2米左右，有的下降3～7米），全市1.4万眼农用机井有近半数只出半管水或抽不上水。山区人畜饮水困难的村庄由原来的145个增加到210个。进入7月以后，仍少雨，7月1日至18日降雨不足10毫米。据密云县调查，3月至7月18日，近5个月仅降雨40.7毫米，全县114座水库、塘坝、蓄水池，有112座干涸。除白河外，其他河流均断流。715眼机井中有115眼抽不出水。7月19日虽下了透雨，但为时已晚，错过了农事季节，旱灾已成定局。通县，3月至5月只降雨14.3毫米，而且风多、气温高，蒸发量大，春旱严重。入夏以后，干旱持续发展，6月份降雨只有12.6毫米，麦收后从6月19日至7月18日，全县大部分地区降雨不足6毫米，13条河道全部干涸，半数以上机井出水量不足，或只出半管水，部分机井抽不上水，发生严重的“掐脖旱”。7月19日,全市有一次较大的透雨,下旬又有一次较大降雨,旱情缓解，而8月份只有64.9毫米的降雨量，持续干旱。全市农田受旱面积达20.84万公顷（约312.7万亩），占总耕地面积的一半左右，其中成灾面积13.53万公顷（约203万亩）。据市农场系统统计，1971年玉米单产275.5公斤，1972年降至196公斤，粮食总产比1971年减产2500万公斤。另外，官厅水库汛期来水量只有0.6亿立方米（年来水量仅3.73亿立方米），库水位已降至死水位以下，供水减少，难以满足工农业用水需求。自9月份起，水库仅能为工业供水。至11月，库容仅1.7亿立方米。从7月至次年2月，低于死水位运行的时间长达8个月。高井电厂曾被迫停止一台机组运行。

1972年的大旱，夏粮受旱严重，大秋作物播种困难，尤其是丘陵区和山区，多次拉水点种不见出苗。5月4日和5日，市革委会分别召开紧急会议，进一步筹集抗旱物资、设备，要求郊区各区、县发动群众，全力投入抗旱，组织各行各业在人力、物力上给予支援。5 月 19 日，市委又召开抗旱座谈会，要求各级领导树立长期抗旱思想，进一步加强对抗旱工作的领导，认真组织落实好各行各业的支援工作。5 月下旬，还邀请中国人民解放军空军协助进行两次人工增雨。进入 6 月份，旱情持续发展，严重威胁着大秋作物的播种和生长，山区群众生活用水情况也进一步恶化。6 月 30 日晚，市革委会召开抗旱电话会议，对抗旱工作又作了进一步部署，要求各级领导干部深入抗旱第一线，调查研究，总结和推广前一阶段抗旱经验，继续发动群众坚持长期抗旱，并采取各种措施抗旱播种，争取种全、种满，不荒弃一亩耕地；千方百计挖掘现有水利设施潜力，多开辟地下水源，力保全苗。经过市委、市革委会的多次动员、部署，全市很快掀起了抗旱高潮，各区、县先后成立了防汛抗旱指挥部，建立了办事机构，领导、指挥全民投入抗旱。全市日平均投入抗旱人力 60 余万人，多时近 100 万人，日出动各种动力车辆 1.3 万辆。部分工矿企业以及人民解放军等，分别到各区、县积极支援抗旱，一直坚持到 7 月中旬末旱象解除。

1980 年至 1982 年的大旱期

自 1979 年 8 月下旬到 1980 年 6 月，连续干旱少雨（1979 年后 4 个月降水量仅为 29 毫米，1980 年前 6 个月降水量为 149 毫米），耕地墒情恶化，作物播种困难。农作物大量需水期的 7 月份，降雨仅 28.5 毫米，八九两个月，全市平均降雨只有 161 毫米，秋旱持续出现，为历史所罕见。

1980 年 5 月底统计，官厅、密云两大水库总蓄水量只有 7.47

亿立方米（其中官厅 3.56 亿立方米，密云 3.91 亿立方米），除官厅尚有 1.46 亿立方米水勉强维持城市生活和工业用水外，密云水库已动用死库容 0.46 亿立方米。其他中小水库，除怀柔、密云两县部分水库还有少量存水外，大部分干涸亮底，无水可供。六七月间，境内大小河流，除潮河、白河、拒马河还有少量基流外，其余都先后干涸断流；地下水位比上年同期普遍下降 0.5 ~ 1.0 米，丘陵、山区一般下降 3 ~ 5 米，严重的地方下降 10 米左右；全市 3.6 万多眼农用机井，出半管水的和不出水的占一半左右。全市粮田受旱面积达 25.33 万公顷（约 380 万亩），其中成灾面积 9.73 万公顷（约 146 万亩）。本已基本解决的山区人畜饮水问题，由于连续干旱，到这年年底，全市又有 210 多处、7 万多人饮水发生困难。

1981 年，年平均降水量仅 432.4 毫米，比常年少 1/3，其中 7 月中旬到 8 月底，仅 187 毫米。官厅、密云两大水库，汛期来水量仅 5.14 亿立方米，是多年同期平均来水量的 1/4。8 月 1 日，密云水库蓄水已降到死水位以下，官厅水库只剩下 0.33 亿立方米的水。供水减少，迫使高井电厂停机，减少发电量 5.4 亿度，影响工业产值 18.3 亿元。当年 6 月上旬，停止向农业供水，又进一步采取压缩工业和城市生活用水措施，到年底，两大水库可用水量也只有 3.08 亿立方米。其他水库基本上没有蓄上水，海子水库则干涸亮底。

境内上百条河道，除潮河、白河和拒马河还有少量基流外，都先后干枯断流。

地下水，由于连续干旱得不到正常补给，加上有些地区过量开采，水位下降严重。1981 年 10 月与上年 10 月相比，水位平均下降 2.98 米，东郊漏斗区累计下降达 20 多米。地下水位下降，严重影响机井出水量，全市 3.7 万眼农用机井，能正常出水的约 1.5 万眼，出半管水的约 1 万眼，抽抽停停的约 0.8 万眼，不出水的约 0.4 万眼。

全市粮食作物受旱面积达 19.6 万公顷（294 万亩），其中减产三成以上的 6.83 万公顷（约 102.5 万亩）。

由于两年连续干旱，山区又有 500 多处共 12 万多人饮水发生困难。除解决了 300 多处外，到年底仍有 200 多处亟待解决。

1982 年，年降水量 587 毫米，其中汛期降雨 523 毫米。主要是前期少雨干旱严重，中、小河道断流，水库来水明显减少，地下水位连续下降，受旱面积日趋扩大，山区人畜饮水困难的村庄增多。

地下水，由于几年连旱得不到正常补给，加上过量开采，致使水位急剧下降。1982 年 5 月底与 1981 年同期相比，全市水位平均下降 2.55 米。地下水位下降严重影响机井出水量，全市 3.7 万眼农用机井，出水较好、能出半管水、基本不出水的各占 1/3。

全市 20 多万公顷（约 300 多万亩）夏粮，虽经多方努力，积极抗旱，受旱面积仍达 6.23 万公顷（约 93.5 万亩），其中减产三成以上的有 1.86 万公顷（约 28 万亩）。全市 13.33 万公顷（约 200 多万亩）春播大秋作物，由于前期严重干旱，入秋以后，大部分地区又基本无雨，生长受到影响，受旱面积达 6.67 万公顷

（约 100 万亩），其中减产三成以上的有 3700 公顷（约 5.6 万亩）。长期干旱，给播种小麦也带来严重困难。

1999 年至 2000 年旱期

1999 年至 2000 年是中华人民共和国成立 50 年来最严重的连续干旱年。1999 年全市平均降水量仅 373 毫米，比多年平均值减少近四成。由于受降雨减少的影响，官厅水库汛期来水量 0.76 亿立方米，密云水库汛期来水量 0.75 亿立方米，均是建库以来最少的一年。

持续高温少雨天气，蒸发能力强，降水入渗补给大幅度减少，农业开采量显著增加，使地下水位大幅度下降。1999 年末，全市平原区地下水平均埋深为 14.21 米，比去年同期下降了 2.33 米，与 1980 年末相比，地下水位下降 6.97 米，地下水储量比 80 年代初期减少 38.04 亿立方米，比 1960 年初减少了 56.42 亿立方米。

2000 年春，天气异常，三四月份出现多次大风扬沙天气，土壤墒情严重，据观测，不少地区的干土层达 10~20 厘米，30 厘米内土壤含水量不足 10%，严重影响春播和夏播。全年降水量仅 435 毫米，比多年平均减少 26.4%。汛期（6 ~ 9 月）降水量 319 毫米，比多年同期平均值减少近四成，是 1949 年以来全市同期第六个少雨年份。同时持续高温，气温大于或等于 35 摄氏度以上的天气达 26 天，高温天数之多，气温之高均是 1915 年有气象记录以来的最高值；7 月份平均气温为 29.5 摄氏度，也创造了道光二十一年（1841 年）以来同期最高值。

汛期官厅、密云水库可利用来水量为 1.17 亿立方米，其中官厅水库 1.02 亿立方米，比去年同期增加了 19%，但比多年同期减少 76%；密云水库为 0.15 亿立方米，比去年同期增加了 800 万立方米，但比多年同期平均减少 98%；小型水库、塘坝多半干涸。

地下水位急剧下降。到 9 月末，全市平原地区地下水埋深 16.37 米，比去年同期又下降了 1.54 米，地下水储量比 80 年代初期减少了 50.79 亿立方米。

由于多风、高温、少雨、光照强，使田间蒸发加快，土壤严重失墒。农作物需水期无足够水分供给，作物出苗率明显下降，山区、丘陵的春玉米出现“掐脖旱”，平原夏玉米因旱生育期推迟，植株矮小，甚至干枯，不仅影响产量，还影响品质。小麦、水稻、瓜果和其他农作物也受到了严重影响。

地质灾害

环太平洋地震带是全球地质构造活动最为活跃的地区，全球 75%的活火山和历史火山都分布在这条环状地带上，80%以上的地震，2/3 的海啸、风暴潮，以及大量的地质灾害和海岸带灾害也都集中在这一区域，而北京正处于该地震带的附近，成为北京与华北地区频繁发生地震活动的主要原因。此外，北京所处的华北地区正处于新构造活跃期，华北断陷盆地仍在不断下沉，从而造成华北地区比东北地区、华南地区的构造地震活动更趋频繁和强烈。

北京位于太行山山脉北端，东近渤海，正处于沿海灾害带和山前灾害带的交接部位。灾害的叠加往往使北京地区的灾情更趋严重。

地震灾害

无论在历史上还是在现代，北京地区都是中国地震比较活跃的地区之一。在六大古都之中，北京是地震灾害最严重的城市，历史上有关北京及邻近地区所发生的地震记载即有数百次之多。其中，不乏 6 级以上的强烈地震，如辽清宁三年（1057 年），大兴发生的 6.8 级地震；明弘治七年（1494 年），居庸关地区发生的 6.8 级地震；清康熙四年（1665 年），通州发生的 6.5 级地震；清雍正八年（1730 年）9 月 30 日，香山—颐和园一带发生的 6.5 级地震。这些地震不仅造成大量人员伤亡，还给北京地区造成了重大破坏与财产损失。而清康熙十八年（1679 年）发生的三河—平谷 8.0 级大地震，则是北京地区发生的震级最高的地震，对北京城和北京市民来说，是一场深重的灾难，伤亡人数达数万之多。

清代以前

北京地区的地震从晋元康四年（294 年）始有记载，到 19 世纪末共记载有 4.7 级以上地震 22 次，其中 4.7 ~ 4.9 级 4 次，5.0 ~ 5.9 级 9 次，6.0 ~ 6.9 级 8 次，7.0 ~ 7.9 级 0 次，8.0 ~ 8.9 级 1 次；北京城区内有两次，分别为辽大（太）康二年（1076 年）

十一月 6.75 级地震和明万历十四年（1586 年）四月 5.0 级地震。

现当代时期

近代以来，北京地区未再发生 5.0 级以上的地震，但北京周边地区发生的强震活动对北京也产生了一定的影响。1960 年以后主要有：1966 年 3 月 22 日，邢台的 7.2 级地震；1967 年，延庆西的 5.4 级地震；1969 年 7 月 18 日，渤海的 7.4 级地震；1976 年 7 月 28 日，唐山的 7.8 级地震；1989 年 10 月 19 日，大同的 6.1 级地震；1991 年 3 月 26 日，大同的 5.8 级地震；1998 年 1 月 10 日，张北的 6.2 级地震。其中大于 7 级的地震发生 3 次。这些地震均对北京产生了不同程度的影响。

历代重点地震灾情

北京地区历史上发生的 6.0 级以上地震有如下记载。

晋元康四年八月（294 年 9—10 月间），延庆 6.0 级地震

此次地震是古籍中记载的关于北京地区发生 4.7 级以上地震最早的一次，发生于延庆东部一带，震级达到 6.0 级，最大烈度为Ⅷ度。

据《宋书·五行志》与《晋书·五行志》记载：上谷郡居庸（今河北怀来县南、居庸今延庆东，二县，郡治在居庸，故此次地震震中应在居庸关一带）发生地震，造成山崩地陷，地裂广三十六

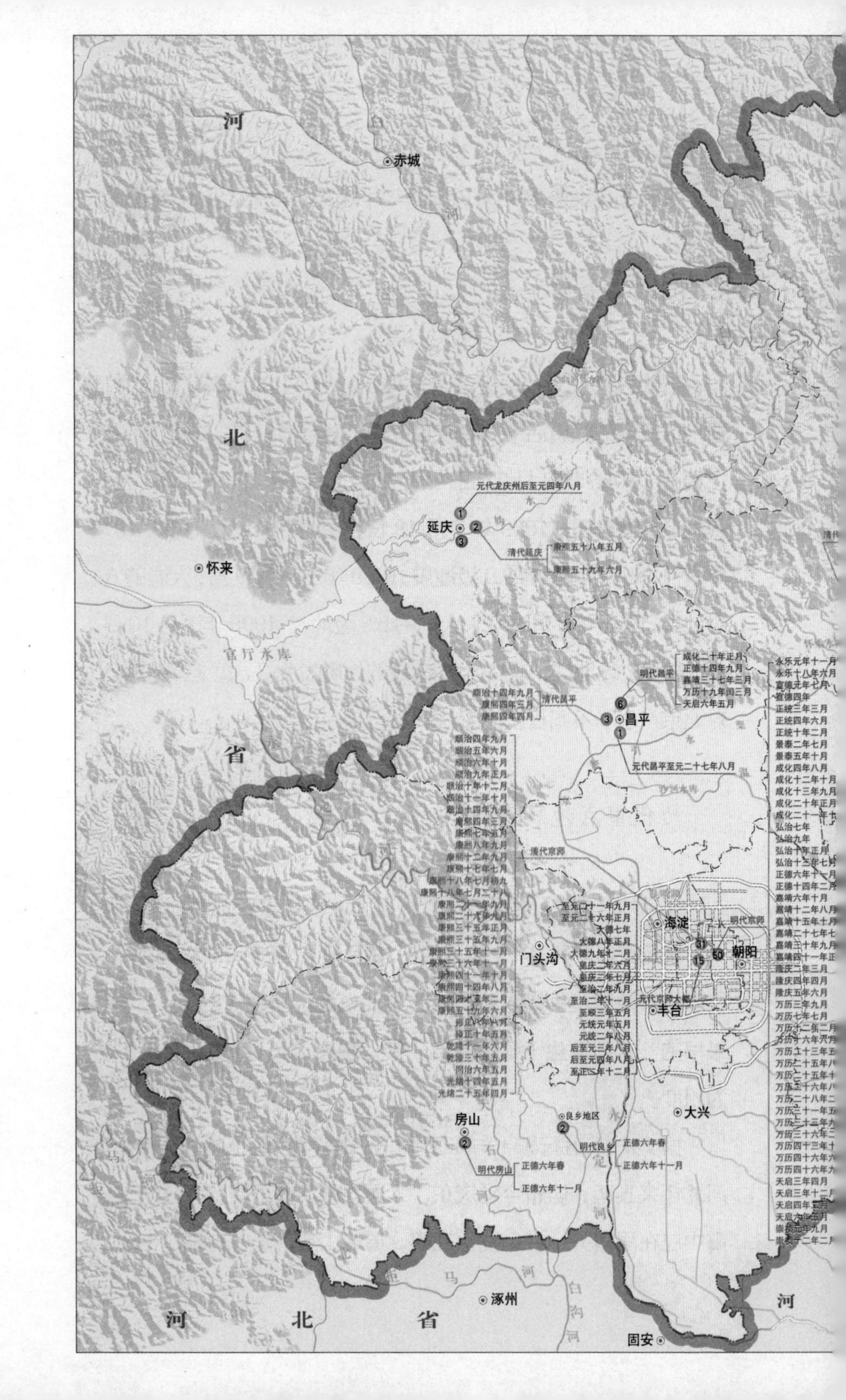

河
北
省
赤城
白
河
怀来
官厅水库
延庆
元代龙庆州后至元四年八月
清代延庆
康熙五十八年五月
康熙五十九年六月
明代昌平
成化二十年正月
正德十四年九月
嘉靖三十七年三月
万历十九年闰三月
天启六年五月
清代昌平
顺治十四年九月
康熙四年三月
康熙四年四月
昌平
元代昌平至元二十七年八月
顺治四年九月
顺治五年六月
顺治六年十月
顺治九年正月
顺治十年十二月
顺治十一年十月
顺治十四年九月
康熙四年三月
康熙七年五月
康熙八年九月
康熙十二年九月
康熙十七年七月
康熙十八年七月初九
康熙十八年七月二十八
康熙三十五年正月
康熙三十五年九月
康熙三十五年十一月
康熙三十六年十一月
康熙四十一年十月
康熙四十四年八月
康熙五十九年六月
雍正十年五月
乾隆十一年六月
乾隆三十年五月
同治六年五月
光绪十四年五月
光绪二十五年四月
清代京师
至元二十六年正月
大德七年
大德八年正月
大德九年十二月
皇庆二年六月
皇庆二年七月
至治二年十一月
至顺三年五月
元统元年五月
元统二年八月
后至元三年八月
后至元四年八月
海淀
明代京师
朝阳
门头沟
元代京师大都
丰台
永乐元年十一月
永乐十八年六月
宣德元年七月
宣德四年
正统三年三月
正统四年六月
正统十年二月
景泰二年七月
景泰五年十月
成化四年八月
成化十二年十月
成化十三年九月
成化二十年正月
弘治七年
弘治九年
弘治十年正月
正德六年十一月
正德十四年二月
嘉靖六年十月
嘉靖十二年八月
嘉靖十五年十月
嘉靖三十年九月
隆庆二年三月
隆庆四年四月
隆庆五年六月
万历三年九月
万历七年七月
天启三年四月
崇祯元年九月
房山
明代房山
正德六年春
正德六年十一月
良乡地区
明代良乡
正德六年春
正德六年十一月
大兴
永
定
河
拒
马
河
白
沟
河
涿州
固安
河
北
省
河

元、明、清时期北京地区地震记录分布图

丈，长八十四丈，还有出水现象，有百余人死亡。由于发生地震，还造成延庆一带出现饥荒。

辽清宁三年（1057 年 3—5 月间），北京南 6.7 级地震

此次地震发生于北京附近，是古籍中记述北京城发生大地震较早的一次，约在北京南城，震级 6.7 级，最大烈度为Ⅸ度。

据《续资治通鉴长编》等书记载：宋仁宗嘉祐二年（1057 年）四月丙寅（二十一日），幽州（即今北京）发生大震。地震给幽州城郭造成很大破坏，死亡数万人。在这次地震中，城内的悯忠寺（即今法源寺）内的崇阁也被毁坏。

元（后）至元三年八月十四日（1337 年 9 月 8 日），河北怀来 6.5 级地震

此次地震震中在邻近北京的河北省怀来。震级 6.5 级，烈度为Ⅷ度。今北京地区的大都城、顺州（今顺义）、龙庆州（今延庆）都有强烈震感。

据《元史·五行志》等书记载：地震发生于夜间，大量官廨民居倒塌，许多村庄被毁坏，给人员牲畜造成伤亡。“自夜达旦，连日不定”。可见余震持续了很长时间。地震造成位于今朝阳门内的太庙前殿墙体受到破坏，梁柱开裂，玉泉山一带西湖寺神御殿壁仆、祭器也受到损坏。

明成化二十年正月初二（1484 年 2 月 7 日），居庸关一带 6.8 级地震

此次地震震中在居庸关以北至宣化一带，震级 6.8 级；烈度为Ⅷ～Ⅸ度。

据《成化实录》《国榷》等书记载：这次地震东尽辽阳，西至宣大，都有震感；地震时“有声如雷”，有房屋被毁，宣府出现地裂，涌沙出水。北京地区天寿山（今十三陵一带）、密云、古北口、居庸关一带城垣、墩台、驿堡倒裂者不可胜计，有人被压死。北京城内虽受影响，但无破坏记录。

明嘉靖十五年十月初八（1536年11月1日），通县6.0级地震

此次地震震中在通县附近，震级6.0级；烈度为Ⅶ～Ⅷ度。

据《嘉靖实录》《明史·五行志》《国榷》《通州志》等书记载：地震发生在夜间，京师及顺天、永平、保定诸府所属州县，万全都司各卫所俱有震感，有声如雷。

清康熙四年三月初二（1665年4月16日），通县西6.5级地震

此次地震震中发生在通县西，震级6.5级；最大烈度为Ⅷ度。

据《康熙实录》《东华录》《汤若望传》等书载：地震发生时，北京有震声，房屋倒塌不计其数，城墙亦有百处塌陷，城内多处地面裂成隙口，紫禁城内的简仪微陷闪裂，东堂房顶之十字亦被震落于地。昌平、顺义、通县等都有较强烈震感，洼地水出，顺义县城大士阁栋折垣颓，几使半壁不支；通县连动数十余次，县城雉堞、东西水关俱圮，民房圮三分之一，正北离城二进而地裂，阔五寸，长百余步，黑水涌出。

清康熙十八年七月二十八日（1679年9月2日），河北三河—平谷8.0级大地震

此次地震震中位于河北省三河与北京平谷一带，震级8.0级，是北京地区发生的震级最大的一次地震；最大烈度为Ⅺ度。

地震约发生于七月二十八日9时至11时。地震发生时，震感非常强烈，据董含《三冈识略》记载：震时“飞沙扬尘，黑气障空，不见天日，人如坐波浪中”，“四野声如霹雳，鸟兽惊窜”，“平地坼开数丈”，“官民震伤不可胜计，至有全家覆没者”。“自后时时簸荡”，“大雨三日，衢巷积水成河”，“内外官民日则暴处，夜则露宿，不敢入室，昼夜不分”，街上“积尸如山，莫可辨识”。“通州城房坍塌更甚，空中有火光，四面焚烧，哭声震天，有李总兵者携眷八十七口进都，宿馆驿，俱陷没，止存三口”。

民一萬有餘城內火起延燒數十處張灣鄧縣亦
然自二十八以後或一日數十動或數日一動經
年不息孤山塔亦同日傾仆小米集地裂出溫泉
八月
上命戶部侍郎薩　發帑金賑濟蠲免人丁錢糧
三冬無雪
十九年自春至夏無雨瘟疫大行
二十四年正月二十一日雨紅沙晝晦張燈火自
辰刻至明晚乃止家家葺沙十數石

康熙《通州志》关于康熙十八年（1679年）地震记载

地震对宫城、寺庙、官民房舍造成严重破坏，倒塌无数。紫禁城内各宫殿大量装饰物脱落，墙体损坏，有的墙垣倒塌，城堞倒坏，城垛塌落。有的院落房屋倾圮殆尽。清刘献廷《广阳杂记》说：二十八日巳时地震，京城倒房12793间，坏房18028间，死人485名。据故宫档案内务府大臣奏折：仅镶黄旗、正黄旗、正白旗三旗驻通州等地的塌房就有20632间，死人548名。况且上述塌房与人员死亡数字仅是局部数字，因当时还缺乏全面准确的统计手段，所以实际情况应比上述数字大得多。

清康熙五十九年六月初七、初八（1720年7月11、12日），

河北沙城 6.75 级地震

此次地震震中在河北沙城，震级 6.75 级，最大烈度为Ⅸ度。

据雍正《密云县志》等记载：地震时有震声，密云“鼓楼与县前仓房屋脊山墙倾颓，民居大半倒坏，夜皆露宿”；延庆“坏民居人畜”；通州斗姆宫瓦倾圮，城楼俱多破缺。

清雍正八年八月十九日（1730 年 9 月 30 日），北京西北郊 6.5 级地震

此次地震震中发生在北京西北郊，震级 6.5 级；最大烈度为Ⅷ度。《雍正实录》《大清会典事例》等书记载：这次地震造成官民寺院大量房屋倒塌，人员伤亡严重。汤用中在《翼駉稗编》中说：“京师地震，房屋倒塌，压毙极多。”他的老乡庄方耕宗伯随任大兴县署，即被压于倾倒书屋之下而亡。他的夫人闻梁木格磔声，急避桌下而获救。安定门、宣武门城墙也出现裂缝三十七丈，北海白塔遭到一定破坏。震后清政府多次下拨银两，帮助内外城居民修缮房屋与其他建筑。

1966 年 3 月 22 日，邢台 7.2 级地震

1966 年 3 月 8 日 5 时 29 分，在河北省邢台地区隆尧县东，发生了 6.8 级强烈地震，震源深度 10 公里，震中烈度为 9 度强。从 3 月 8 日至 29 日，邢台地区连续发生了 5 次 6 级以上地震，其中最大的一次是 3 月 22 日 16 时 19 分在宁晋县东南发生的 7.2 级地震，震源深度 9 公里，震中烈度为Ⅹ度。

邢台地震的破坏范围很大，造成 8064 人死亡、38451 人受伤，倒塌房屋 508 万余间。这次地震，北京虽有明显震感，但因距离较远而没有造成损失。

1969 年 7 月 18 日，渤海 7.4 级地震

此次地震前，地震部门有较为准确的短临预报，极大地减少了人员伤亡，仅造成 10 人死亡、353 人受伤。房屋破坏 4 万余间，总经济损失 5000 万元以上。因震中区在海域，宏观震中的地理位置及震中烈度均无法准确确定，据有关资料估计，震中烈度大于Ⅷ度。北京地区地震烈度达Ⅴ度，居民有强烈震感。

1976 年 7 月 28 日，唐山 7.8 级地震

在发生在北京周围的地震中，1976 年 7 月 28 日唐山的 7.8 级地震对北京影响最大。唐山市是这次地震的极震区，地震烈度达到 XI 度，破坏范围约 3 万平方公里，14 个省、市、自治区的数亿人有感，这次地震共造成 242769 人死亡，164851 人重伤，4200 多名 16 岁以下的儿童成为孤儿。在这次地震中，北京市死亡 199 人，受伤 5250 人，固定资产损失约 3.6 亿元。

唐山地震后，北京持续遭到倾盆大雨的袭击，很多市民害怕余震，不敢进屋，到处搭建抗震棚作为临时居住之所。北京城里的学校操场、公园空地、马路两侧，几乎随处都是抗震棚，甚至天安门广场一度也成为搭建抗震棚之地。居住楼房的居民基本上都搬进了抗震棚，平房住户不愿居住抗震棚的则在屋内支起抗震架，夜间睡在抗震架之下，以防地震。为帮助群众解决搭建抗震棚的材料，很多单位都想方设法筹集塑料布、木料，发给职工做搭建抗震棚之用。这些抗震棚直到 1976 年 9 月才开始被逐渐拆除。因有的住户住房紧张，有些抗震棚就成为其临时居住地，这些抗震棚一直存在了几年。

这次地震对北京的房屋建筑和工程设施造成了较大破坏。密云水库白河主坝 500 米范围内发生滑坡，坝体滑动部分在水下，水上约有 20 米高坝体虽未滑动，但是已经失去支撑。为修复水库大坝，北京、天津、河北工程抢险人员和解放军共同组成抢险队伍，夜以继日地开展密云水库大坝的抢险加固工程，并动员周围群众一起开展工作。为了取石补坝，走马庄附近的一座山被炸开。唐山地震后，经市文物部门调查，北京市的文物和古建筑，共有 41 处遭到不同程度的破坏。其中，故宫砖墙倒塌 27 处，倾斜 13 处，开裂 45 处；瓦顶脊部倒塌 14 处，琉璃门楼塌落 1 处；影壁开裂 2 处，汉白玉栏杆倾倒、倾斜各 1 处等。

1989 年 10 月 19 日，大同 6.1 级地震

1989 年 10 月 19 日，在山西省大同和阳高县交界处发生 6.1 级地震，震中烈度Ⅷ度。这次地震造成山西省、河北省和内蒙古自治区部分市县 16 万余间房屋受损，部分水利设施及工矿企业的厂房、车间受到不同程度的破坏，死亡 15 人，伤 145 人。北京因距离遥远，只有轻微震感，没有造成损失。

1998 年 1 月 10 日，张北 6.2 级地震

此次地震震中烈度为Ⅷ度，地震造成 49 人死亡，11439 人受伤，毁坏房屋 169150 间，直接经济损失达 8.36 亿元。此次地震的有感范围北至锡林浩特，南至石家庄，东到承德、天津，西至呼和浩特，面积约 30 万平方公里。北京因距离较远，有轻微震感，没有造成损失。

泥石流灾害

泥石流是在山区沟谷中，由于暴雨或冰雪融水等水流的激发而形成的含有大量泥沙、石块的特殊洪流。它往往是突然暴发形成的，浑浊的泥石水流体沿山区沟谷前推后拥、奔腾咆哮而下，在短时间内将大量的泥沙石块冲出沟口，漫流堆积在沟口山前。泥石流在沟谷内外横冲直撞，常常给当地人民的生命和财产造成较大的危害，也给生态环境造成较大的破坏。北京山区是泥石流灾害多发区，群发性强、灾害严重，是山区主要的自然灾害。

泥石流灾害历史记载很少，清乾隆三十年（1765 年）开始有少量记录，民国时期泥石流灾害记载也不齐全。中华人民共和国成立后，党和政府对山区泥石流的危害十分重视，不仅每次北京山区暴发泥石流灾害都有比较详细的记录，而且对山区泥石流进行了普遍勘察，确定了泥石流易发地，加强观察与监测，在泥石流灾害防治方面取得了显著成效。

清　代

根据尹钧科等著《北京历史自然灾害研究》一书，北京地区泥石流灾害从清乾隆三十年（1765 年）至清宣统三年（1911 年）

共有7次，时称为“蛟”或“发蛟”。

乾隆三十年（1765年），顺天府蓟州北部山区（含平谷县南部毗邻山区）冲去蓟州山区二十里铺房屋，淹死人畜甚多。

同治五年（1866年），怀柔县沙河，峪道河的枣树林西沟、季子峪沟，琉璃河黄泉沟等地灾情未记述。

光绪三年（1877年），平谷县南山及毗邻蓟州山区山中蛟水涨发，县东村庄漂没人口数十，房屋冲毁。凡山腰发蛟处，皆灰白色，不生草木。

光绪十四年（1888年），门头沟区千军台、东王平村、白莲子等40个村，房山区苏村等18个村人畜伤亡惨重，1800余人伤亡，房屋冲毁甚多，许多耕地、桥梁被毁。

光绪十八年（1892年），门头沟区清水河西沟杜家庄村受灾严重。

光绪二十六年（1900年），门头沟区雁翅，怀柔县沙河、峪道河等地，灾情未记述。

宣统元年（1909年），怀柔县琉璃河西沟门等地，灾情未记述。

在这7次泥石流灾害中，光绪三年（1877年）和光绪十四年（1888年）暴发的泥石流灾害最为严重，人员伤亡和财产损失惨重。

民国时期

民国期间，北京地区有11个年份发生泥石流灾害，给山区人民造成了较大的人员伤亡和财产损失。

民国元年（1912 年），密云县清水河旱沟峪。

民国六年（1917 年），门头沟区清水河杨家庄等地。

民国十一年（1922 年），密云县白马关河流域的冯家峪乡、番字牌乡及半城子乡等地。

民国十三年（1924 年），房山区大石河流域的下石堡、贾峪口，拒马河流域的南泉河石门等地。

民国十八年（1929 年），怀柔县北甸子南沟，昌平区德胜口，门头沟区清水涧、王平村、韭园村，房山区大石河李各庄、垒石台、漫水河等地。人员伤亡及财产损失严重，未详细记述。

民国二十年（1931 年），怀柔县汤河北甸子南沟。

民国二十三年（1934 年），门头沟区清水河流域。

民国二十四年（1935 年），门头沟区清水河流域。

民国二十六年（1937 年），密云县四合堂乡。

民国二十八年（1939 年），密云县四合堂、冯家峪、番字牌，怀柔县崎峰茶、琉璃庙、汤河、沙峪，延庆县四海石窑沟，昌平区锥石口沟、碓臼峪沟，门头沟区太子墓，房山区千河口等地。密云县、怀柔县冲毁房屋几千间、耕地几十亩，人员死亡 79 人，房山区人员死亡 15 人。

民国三十五年（1946 年），门头沟区清水河流域及沿河城等地，以及密云县番字牌等地。

从泥石流灾害统计中看出，民国时期北京山区平均 3 年就发生一次泥石流灾害，发生频率很高，但泥石流灾情记载较少。其中，民国十八年（1929 年）的泥石流，主要发生在怀柔县汤河的北甸子南沟，昌平区东沙河流域的德胜口沟，门头沟区的清水涧、东桃园、王平村、韭园村、担礼与房山区大石河流域的李各庄、垒石台、漫水河等地。4 个区县同时发生泥石流，规模较大，人员伤亡和财产损失严重。

中华人民共和国时期

1949 年后，北京山区泥石流灾害发生比较频繁，灾情也比较严重。据北京市地质矿产局所属北京市地质研究所、北京市水文地质工程地质大队，以及北京市水利局等多年的泥石流调查统计，1949 年至 2000 年，北京山区有 20 个年份发生泥石流，共达 25 次。其中，1950 年、1956 年、1969 年、1976 年、1977 年分别发生两次泥石流。

1949 年，密云县番字牌乡南石门、大蒲池沟，房山区南窖乡大西沟等地。房山死亡 6 人，其他灾情未记述。

1950 年 7 月，房山区史家营乡漕木峪、萝卜湾、西大沟、青铜沟、西沟等地及西岳台、柳林水等村。冲毁部分房屋及耕地 280 亩。

1950 年 8 月 3 日，门头沟区清水河流域达摩沟、田寺沟、东北山、黄岭西等 124 处发生较大规模的泥石流灾害。107 个村庄受灾，死亡 95 人，重伤 24 人，冲毁耕地近 2 万亩、林木 8.77 万株、房屋 1200 间。

1954 年 8 月 24 日，怀柔县柏查子和崎峰茶等两乡有 179 处发生泥石流。423 户受灾，冲毁耕地 224 亩，冲坏坝阶 780 道，毁坏林木 2 万余株。

1956 年 6 月 16 日，怀柔县沙峪、冯家坟等地 179 处发生泥石流。冲毁果树和林木 3.7 万株、谷坊和梯田 656 道。

1956 年 8 月 3 日，门头沟区清水河流域，房山区大石河流域，平谷县黄松峪乡塔洼里等地。冲毁房屋 10 间、耕地 25 亩，死亡 7 人。

1957 年 7 月 26 日，密云县朱家湾、和尚峪豹子涧等地。死亡 1 人，伤 4 人，冲毁部分房屋，冲毁耕地 65 亩，毁林 400 余株。

1958 年 8 月，平谷县镇罗营乡玻璃台及黄松峪乡部分地区。死亡 17 人，冲毁房屋 90 间、耕地 128 亩。

1959 年 7 月 19 日，密云县四合堂、石城、冯家峪、番字牌及怀柔县西庄、八道河等地。死亡 9 人，伤 27 人，冲毁房屋 195 间、耕地 2524 亩，冲走大小牲畜 553 头，损毁谷坊、梯田 3769 道。

1964 年 8 月，房山区史家营乡百花山南坡。冲毁山林 20 亩。

1969 年 8 月 10 日，密云县与怀柔县交界的云蒙山两侧（石城、四合堂）及崎峰茶等乡。死亡 159 人，伤 98 人，冲走牲畜 1204 头，冲毁房屋 760 间、耕地 2 万余亩及大量林木。

1969 年 8 月 20 日，怀柔县八道河等地。

1970 年 7 月，密云县龙潭沟。死亡 4 人，龙潭沟塘决口，冲毁部分房屋和耕地。

1972 年 7 月 27 日，怀柔县崎峰茶、八道河、沙峪、琉璃庙、黄花城等乡，以及延庆县四海、珍珠泉、黑汉岭等乡。死亡 55 人，冲毁房屋 1406 间、耕地 3.25 万亩，冲走牲畜 690 头，毁林 67 万株。

1975 年 7 月，房山区霞云岭乡下石堡等地。冲毁耕地 200 亩及大量林木。

1976 年 6 月 29 日，密云县东邵渠乡及河南寨乡部分山区。21 个村受灾，冲毁塘坝 1 座、坝阶 1500 道、耕地 5255 亩，1 万多亩山地坡冲露基岩。

1976 年 7 月 23 日，密云县北部山区的冯家峪、不老屯、半城子、高岭、上甸子、古北口等乡镇的大部分地区。死亡 105 人，冲毁房屋 3574 间、耕地 3.5 万亩，冲垮水库 1 座、塘坝 6 座，大量牲畜和林木受损。

1977 年 7 月 30 日，密云县番字牌、冯家峪及怀柔县崎峰茶等乡部分地区。死亡 8 人，重伤 7 人，冲毁房屋 37 间、耕地 1700 亩及大量林木。

1977 年 8 月 2 日，房山区霞云岭乡光景村及十渡镇部分地区。死亡 3 人，伤 5 人，冲毁房屋 3 间及部分耕地和林木。

1982 年 8 月 5 日，密云县大城子乡潜峪沟。死亡 13 人，重伤 8 人，冲走大牲畜 183 头，冲毁房屋 46 间、耕地 110 亩、林木 4580 株。

1989 年 7 月 21 日，密云县番字牌乡小西天、人峪沟和冯家峪乡杏树沟、朱家峪沟，怀柔县西庄乡东刺沟、毡帽沟、大云蒙涧。死亡 18 人，重伤 8 人，冲毁房屋 7502 间、耕地 8300 亩、林木 161.4 万株。

1991年6月10日，密云县四合堂、石城、冯家峪、番字牌等乡，以及怀柔县长哨营、汤河口、崎峰茶等乡镇大部分地区。死亡28人，重伤8人，冲毁房屋5886间、耕地8.1万亩、林木150万株、堤坝2000多道，冲走牲畜4400头，直接经济损失2.65亿元。

1994年7月12日，平谷县北山梯子峪、黑水湾、范家台、韩家沟等多处。冲毁农田300余亩、树木（含果树）200余株。

1995年7月29日，房山区蒲洼乡芦子水、宝山寺等地。32户人家受灾，冲毁房屋160间、耕地484亩、土石坝36道等。

1998年7月5日，门头沟区妙峰山乡下苇店。死亡1人，冲毁房屋4间及部分耕地和树木。

20世纪50年代，大规模灾害性泥石流主要发生在北京西部山区；从20世纪60年代开始至90年代初，大规模灾害性泥石流主要发生在北京北部山区。1991年后，因降水量偏少，泥石流发生频率及强度减弱。1949年、1950年、1956年、1958年、1959年、1969年、1972年、1976年、1989年、1991年的泥石流规模较大，灾情较严重，共造成529人死亡和大量的财产损失。

历代重点泥石流灾情

乾隆三十年（1765年），蓟州北山泥石流

乾隆三十年（1765年）五月三十日至六月初一，顺天府蓟州（蓟县）北部山区与毗邻平谷县南部山区“雷电风雨交加，郡北山中蛟水陡发，冲去山内二十里铺房屋，淹毙人畜甚多。运粮船只漂

没七号，人、米、船、板一概无踪”。这是北京地区历史上第一次记载泥石流暴发及灾情。

光绪三年（1877 年），平谷南山泥石流

光绪三年（1877 年）五月十六日申刻（下午 3 ~ 5 时），在平谷县南部与毗邻蓟县山区发生严重泥石流灾害。记载如下："平谷县大雨如注，山中蛟水涨发，县东村庄漂没人口数十，房屋冲毁。雨后远眺，凡山腰出蛟处，皆灰白色，不生草木。"

光绪十四年（1888 年），北京西山泥石流

光绪十四年（1888 年）入秋后，大雨连绵，酿成北京山区多处发生泥石流灾害，灾情十分严重。该年十月十四日，李鸿章奏："本年顺直地方，入夏颇形亢燥……秋初阴雨连绵，山水暴发，间有发蛟处所……计宛平县（现门头沟区）千军台等十二村成灾九分，东王平村等十四村成灾八分，北道子等十三村成灾七分……房山县苏村等十八村成灾七分……该二县山中猝然发蛟，水势异常勇猛，倒房伤人。灾状在六分以上者情形甚重。"十月十五日，潘祖荫奏："再查此次房山县山水暴发，居民猝不及防。据房山县禀报，民田被水、民房冲塌，淹毙人口甚重。所有山中运煤道路及桥梁，均被冲断。并据宛平县查明，西北属境煤路水阻，贫民生计维艰。"由此可见，这年秋初，宛平、房山二县山区发生过较严重的泥石流灾害。《天咫偶闻》载："戊子（光绪十四年，1888 年）七月，房山县发蛟，没四十九村。发以夜，适河北村有村民盥手于河，见水逆流上山，大呼水至。时雨势如注，村民已睡，多从梦中惊起，上山避水，水亦随人而上，至山半骤下，村舍如洗。又过前山，亦如之……人避于山竟夜，雨亦竟夜。凌晨雨止，水亦退。村民避水，多不及衣，感寒多病者。有数村止有树在，庐舍荡为平地。石子埋至尺余，伤人不可以数计……北方从未闻发蛟之说，有之，自此年始。”又据《北京市水利志》：光绪十四年（1888年），门头沟区下苇店、千军台、白道子、东王平、赵家台，以及房山区大石河河北村等49个村遭受泥石流灾害，死亡1800余人（含洪水灾害死亡）。

民国二十八年（1939年）的泥石流灾害

主要发生在密云县的四合堂、冯家峪、番字牌等地区，延庆县四海的石窑沟，昌平区的锥石口沟、碓臼峪沟，门头沟区太子墓，房山区拒马河流域的千河口等地。全市性大范围的泥石流灾害当时没有调查记载，中华人民共和国成立后经过调查：密云县冯家峪乡西白莲峪东沟死亡11人；大石碴沟死亡4人；冯家峪乡西口外小张峪沟死亡7人，冲毁房屋几十间、耕地几十亩；怀柔县汤河口镇柯太沟死亡57人；房山区千河口等地区死亡15人。

气象灾害

发生在大气圈里的自然灾害为气象灾害。气象灾害约占整个自然灾害的70%。北京是我国气象灾害频发地区之一，也是世界上气象灾害较多、较重的大都市之一。北京地区最早记载气象灾害的朝代始于西汉。明清时期，北京设钦天监，任务之一就是观测气象。清康熙年间统一制作了测雨器，逐日记录气象观测数值，从雍正二年（1724年）至光绪二十九年（1903年），共留下了连续180年的《大清晴雨录》，其中不少记录是珍贵的气象灾害史料。鸦片战争之后，法、俄等西方国家也在北京先后建立了地面气象观测站，但观测时断时续。民国元年（1912年），北京建立中央观象台，翌年台内设置气象科，负责气象观测工作，地面气象观测开始走向正规。中华人民共和国成立后，气象事业获得巨大发展。

大风与沙尘暴灾害

瞬时极大风速≥ 17 米 / 秒的风称为大风。大风能破坏房屋、刮倒电线杆、吹断电线、影响航运、刮坏蔬菜塑料大棚、使庄稼倒伏等，对高层建筑、电力设施、交通运输、农业生产都有一定程度的危害。

大风与沙尘暴有关联，出现沙尘暴必有大风，但出现大风未必出现沙尘暴。历史上文字记载的“昏雾四塞，日无光，风十有七日”是指大风刮起沙尘影响能见度，而不是雾。史书中往往将沙尘暴记作“雨土”“风霾”，它是大风卷起尘土而影响能见度的天气现象，其程度比“昏雾四塞”更为严重。

北京地区关于大风灾害最早的记载始于西汉，然直至金代，所记甚少，仅见 4 条，可见遗漏甚多，内容也很简略。金代以后记载日渐增多，特别是明清时期，不仅记载数量大增，灾情记述也比以往为详。在古代，风灾所造成的威胁主要是对庄稼、树木与房屋的毁坏，伤人事件极为少见。中华人民共和国成立后，由于社会发展速度很快，大风灾害对农业大棚与温室、机场运输、电线杆等输电线路造成的破坏日渐严重，甚至出现停水停电事故，进而造成更大的经济损失。如 1977 年 8 月 14 日至 15 日，平谷、延庆等 7 个区县发生的 8 ～ 9 级大风，使平谷全县输电线路几乎全部被破坏。1978年6月29日至30日，房山出现8～11级雷雨大风，毁坏输电线路42公里，倒杆400多根，5个乡停电。2000年4月4日至6日，大部分区县出现大风与沙尘暴，有48架次航班迫降外地，延误60架次，返航6架次，取消4架次。这些损失甚至会超过大风对农业生产所造成的损失。大风常与其他灾害同时出现，如发生在春季，往往会与沙尘暴、旱灾同时出现，并加重旱情；若发生在雨季，则会与暴雨、雷电、冰雹灾害同时发生；在秋末或冬季乃至初春，大风常伴有强冷空气甚至寒潮以及由此引发的其他灾害，这种群发性的灾害所造成的灾情更为严重，损失更加惨重。

历代重点大风、沙尘暴灾情

西汉元凤元年（前80年）燕王都蓟大风雨，拔宫中树七围以上十六枚，坏城楼。

北魏景明元年（500年）二月癸巳，幽州暴风，杀一百六十一人。

北魏景明三年（502年）九月丙辰，幽州……暴风昏雾，拔树发屋。

金贞元三年（1155年）四月初一日，中都地区昏雾四塞，日无光，风十有七日。

金大定元年（1161年）六月，大风，坏承天门鸱尾。

金明昌六年（1195年）二月，京师大雨雹，昼晦大风。

金泰和三年（1203年）十月戊戌，日将暮，赤如赭。己亥大风。

河
北
省
赤城
白
河
白河堡水库
白
河
延庆
妫
水
河
怀来
官厅水库
永
定
河
怀柔水库
怀柔
明代昌平
万历三十八年三月
万历四十七年七月
万历四十八年三月
天启二年四月
崇祯九年七月
崇祯十三年二月
崇祯十七年春
清代昌平
道光十七年八月
咸丰十年二月
7
2
昌平
3
元代昌平
泰定元年八月
泰定三年七月
元统四年四月
京
密
引
水
渠
温
榆
河
沙河水库
清代京师
康熙十四年三月
康熙十五年五月
康熙六十年三月
嘉庆二十四年四月
光绪二十年六月
昆明湖
海淀
明代京师
5
30
13
朝阳
北京市
永定河引水渠
门头沟
太宗五年十二月
至治三年二月
至治三年五月
泰定元年四月
泰定元年七月
泰定三年七月
至和元年三月
天历二年三月
至顺二年三月
后至元四年四月
至正七年正月
至正十五年
至正二十七年三月
石景山
元代京师大都路
丰台
建文元年七月
天顺元年六月
天顺三年四月
成化元年五月
成化二年清明节后三日
成化十二年正月
正德元年六月
正德二年闰正月
正德十四年二月
正德十四年三月
正德十四年五月
嘉靖二十七年正月
嘉靖三十四年七月
隆庆元年三月
隆庆五年正月
万历十四年七月
万历二十五年二月
万历三十四年七月
万历三十八年三月
万历四十四年十月
万历四十五年七月
万历四十六年三月
万历四十七年二月
天启元年三月
天启四年五月
崇祯三年正月
崇祯十三年三月
崇祯十六年正月
崇祯十六年二月
崇祯十七年三月
1
顺
1
1
3
通
清代
凤
大兴
良乡地区
房山
3
元代房山
泰定元年四月
泰定元年七月
泰定三年七月
石
河
永
定
河
拒
马
河
北
拒
马
河
白
沟
河
涿州
固安
河
北
省
河
北

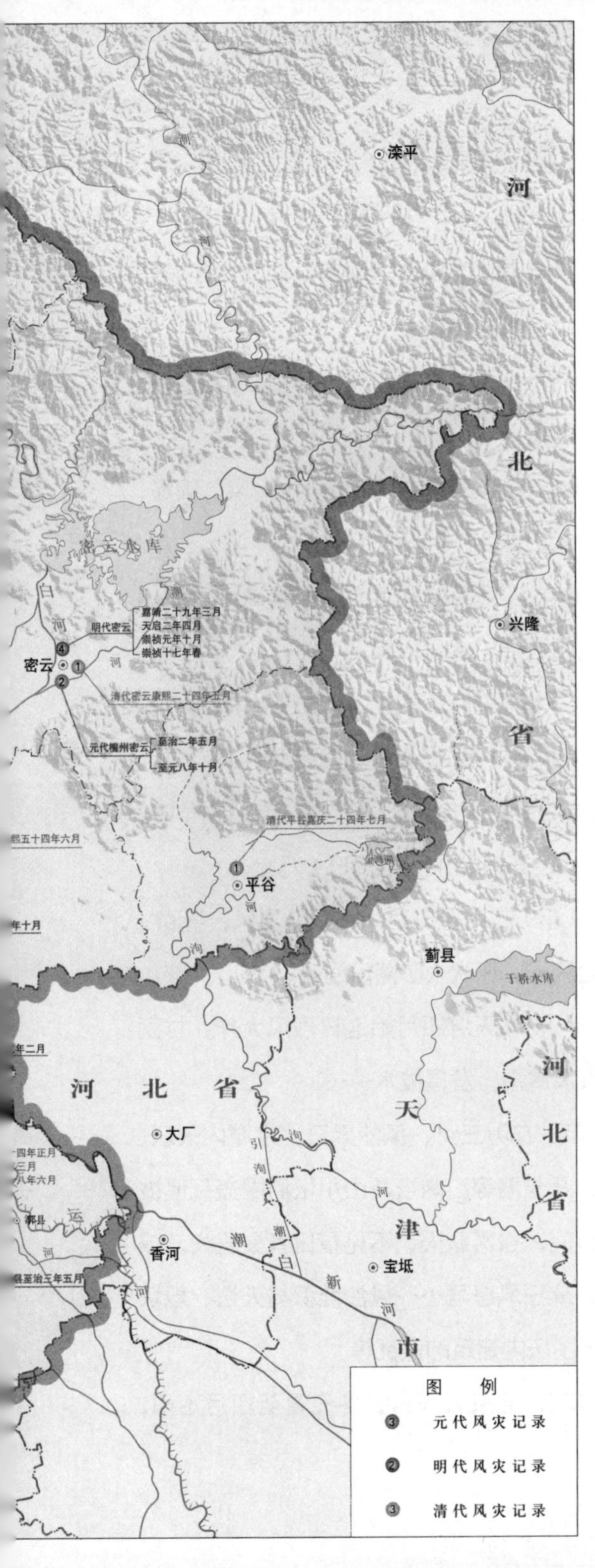

元、明、清时期北京地区风灾记录分布图

金大安三年（1211年）二月乙亥夜，大风从西北来，发屋折木，吹清夷门（即通玄门，金中都皇城正北门）关折。东华门（金中都皇城东门）重关折。

金崇庆元年（1212年）七月辛未，时有风，从东来吹帛一段，高数十丈，宛转如龙，坠于拱辰门内。

元至治三年（1323年）五月庚子（初十日），大风，雨雹，拔柳林行宫内外大木二千七百株。

元泰定三年（1326年）八月底，大都、昌平大风，坏民居九百家。八月，龙庆路雨雹一尺，大风损稼。

元至正二十七年（1367年）三月庚子（二十四日），京师大风，起自西北，飞沙扬砾，昏尘蔽天。逾时，风势八面俱至，终夜不止，如是者连日。自后，每日寅时（凌晨3时至5时）风起，万窍争鸣，戌时（7时至9时）方息，至五月癸未（初八日）乃止。

明正统十四年（1449年）二月至五月间，京师烈风，昼晦；二月初六日，大风，黄尘蔽天，风吹人驴落河溺死。

明天顺元年（1457年），顺天府四月始连日烈风大作，甘雨不降，尘盖田苗。六月大风震雷，发屋拔木……

明成化四年（1468年）农历三月，风沙累日，京城内天坛、地坛的外墙，风沙堆积，几与墙等。内坛及山川坛周围盖瓦俱被风损坏。同年三月、四月间，昏雾蔽天，不见星日者累昼夜，或风霾累日，或黄雾障天，或狂风怒号……风沙堆积与天坛、地坛的围墙等高；大风还吹坏了坛内建筑的盖瓦等。

明弘治六年（1493年），北京大兴自去冬无雪至四月不雨，田枯槁，连日狂风屡降。闰五月，河道干涸，壬寅巳刻，京师雨霾。闰五月蓟州大风雷，拔木偃禾。

明正德十一年（1516 年），冬无瑞雪，春有风霾，五月辛卯，今又累旬旱魃肆威，狂风震怒。

明嘉靖十九年（1540 年）三月，黄雾四塞……暴风从西北起，坏文德坊并西长安街牌坊、斗拱、檐瓦。

明隆庆元年（1567 年）春三月，黄雾四塞，清明日京师甚和暖，四月，京师黄雾四塞。

明万历十年（1582 年），顺天府春夏数月亢旱。大风扬尘，禾苗尽槁，菽麦无收。

明万历四十六年（1618 年）三月，忽闻空中有声如波涛汹涌之状，随即狂风骤起，黄尘蔽天，日色晦暝，咫尺莫辨；及将昏之时，见东方电流如火，赤色照地……又雨土蒙蒙，如雾如霰……如夜不止。

明天启四年（1624 年），八月蓟州于中秋骤然暴风，大雨滂沱，迅雷、霹雳声匝响震，空中黑暗，四望晦暝，宇舍摇动，屋瓦飞掷，大树吹折者过半，吹陨落兼之，冰雹冻死男女无算，乾清宫东丹墀旋风骤作，内宫监铁片大如居顶者，盘旋空中陨于西丹墀，铿訇若雷。

明崇祯十六年（1643 年）正月初二日，大风昼晦，五凤楼前门栓断三截，又风吹极殿，瓦皆碎。

清顺治元年（1644 年），昌平、密云大风霾，昼晦。三月，京师大风霾，昼晦。

清康熙五十四年（1715 年）六月，顺义县大风，树木尽拔。通州张湾遭风，泗州卫粮艘损坏 12 只，沉米 5200 余石。

清雍正二年（1724 年）壬申谕刑部："今届仲春，雨泽愆期，时有大风。"

清乾隆九年（1744 年）四月癸未谕："京师自春徂夏雨泽愆期，风霾时作。"七月初七日，夜间，风雨猛骤……漕船四只遭风磕坏，淹没人口，折米百石。

清嘉庆二十四年（1819 年）四月初八日酉时（下午 5 时至 7 时），有怪风自东南来，阴霾蔽天，昼晦。京师尤甚，室内皆燃灯。

清嘉庆二十四年（1819 年）七月初八日，平谷县西南高树庄，午后有怪风兼雨自西南来，遥望如飓风，由村内斜过，其过处房屋催败，甚有将屋上之上盖连梁掀之街外者。庄北高处有关帝庙，西向，风过处，殿之南山墙刮去一半，树木或倒或折，损折者不一。庄外自西南至东北一里，禾尽偃，其平如扫。

清道光三年（1823 年）六月十六日，蒋攸铦奏："……据永定河道……禀报，初十日起至十一日午时，芦沟桥签报水长至一丈九尺二寸……北三工十二、十三号流势更为汹涌，北高堤顶，雨骤疯狂……"

清咸丰十年（1860 年）二月，昌平州怪风伤人。

清光绪二年（1876 年）十月二十日，李鸿章奏："……闰五月十一日起……西北山水奔腾下注……计通州……六十三州县，各被水、被旱、被雹、被风灾村庄。"

清宣统三年（1911 年）九月丙寅，据电奏：顺直各属，夏秋之交，连遭大雨，继以飓风，秋禾晚谷全行折倒，灾情甚重……

民国六年（1917 年）七月十六日，平谷烈风雨雹，禾稼伤损。

民国二十四年（1935 年），北平去冬少雪，入春雨量尤少，终日狂风……

民国三十一年（1942 年），北平市区天空突然浓云密布，狂风骤起，一种罕见的、黑黄色的狂风漫天刮来，其狂吼有若狂涛怒波，其飞沙走石有若摧残万物。霎时间，街上行人敛迹，车辆全无。凉棚被拔地而起，如纸片纷飞，商店、市场被吹乱。公园、街头的树木、电杆、电线被吹折、刮断的不计其数。市内所有脆弱建筑物几乎全倒。

1954 年 8 月 3 日至 4 日，全市发生 8 级大风。全市郊区因风雨受灾面积达 22 万余亩，其中子粒不收者达 11.68 万亩，仅门头沟果树受灾达 1710 棵。

1960 年 6 月 2 日至 3 日，全市 12 个区县发生 8 ~ 10 级雷雨大风，2 日西郊极大风速 25.0 米 / 秒。据统计，房山县有 4.7 万亩小麦倒折或掉粒，4.6 万亩大田作物被风刮倒或吹干幼苗，81 万多棵果树掉果达 15% ~ 50%，倒树 2400 棵，倒草房、圈棚 54 间。

1962 年 7 月 4 日至 6 日，怀柔等 11 个区县发生 9 级雷雨大风，怀柔县受灾 1 万余亩，倒折果树 1584 棵。

1963 年 7 月 1 日，上甸子、密云、通县、大兴出现 12 级雷雨飑线大风，上甸子瞬时极大风速 40.0 米 / 秒。摧毁高岭地区房屋 10 余间，刮倒树 300 多棵。

1965 年 5 月 19 日，延庆等 5 县发生 12 级雷雨大风，延庆瞬时风速达 40.0 米 / 秒，两根高压电线杆和两根低压电线杆被刮倒，1 人死亡。

1971 年 8 月 6 日，延庆等 6 个县发生 10 级雷雨大风，大风持续半小时左右，风雹袭击 12 个乡，24 万亩耕地受灾。

1972 年 7 月 18 日至 19 日，大兴、怀柔等 11 个区县发生 12 级大风，少数树木被刮倒后压断电线，造成停电和电话中断，部分高秆作物被刮倒，果树落果。

1973 年 8 月 2 日，怀柔县长城以南 7 个乡 9 ~ 11 级大风持续 20 分钟，倒树 500 余棵，7 条通信线路和 10 条高压线中断，大田作物受灾 8 万亩。昌平县 16 万亩庄稼受灾，果品损失约 32 万斤。

1978 年 6 月 8 日至 9 日，丰台、顺义、昌平、门头沟、怀柔、平谷、斋堂、海淀、石景山出现 12 级雷雨大风。平谷县大风刮断高压线 8 条，折断树木 2800 多棵。平谷、怀柔、顺义共倒伏小麦 70 万亩。

1978 年 6 月 29 日至 30 日，房山县出现 8 ~ 11 级雷雨大风，刮断树木 3800 多棵;刮坏房屋 40 多间;刮坏高低压线路 42 公里，倒杆 400 多根，5 个乡停电。朝阳区太阳宫乡 10 多棵大树被连根拔起。

1978 年 7 月 7 日至 9 日，丰台、大兴、旧宫、昌平、朝阳、延庆、通县、门头沟、上甸子、怀柔、顺义、房山、大兴、汤河口、海淀、石景山出现 9 ~ 10 级雷雨大风。大兴县刮倒、刮折树4500多棵，倒房约1600多间，高压线断了十几处，西黄垈大队铸造厂厂房被刮倒8间，砸伤6人。

1982年5月2日至3日，全市发生8～9级大风，京郊已定植的茄子、大椒、西红柿、黄瓜、豆角等有5%～20%被风吹成光杆。刮坏四季青大棚57个。房山县倒树1700多棵，果品减产300万公斤。周口店乡水泥厂10米高烟筒和娄子水村群青厂1700平方米厂房被刮倒。

1984年8月6日，海淀、大兴、丰台、朝阳、平谷、石景山等地发生8～12级大风。近千间房屋受到破坏，刮倒树木8万多棵。平谷21个乡受灾，供电线路12处刮断，3人触电死亡。连根拔起树木4000多棵。大兴受灾最重，涉及12个乡，受灾22.5万亩，损坏房屋529间、电线杆2645根，房屋倒塌将1人砸死，伤16人。

1988年4月20日至22日，全市大部分地区出现9级大风。海淀区22亩大、中、小棚受损，棚内蔬菜折断。

1989年7月20日，平谷发生10级雷雨大风，折倒20厘米以上树木600余棵，全县倒伏玉米6万多亩。

1991年6月8日，海淀、朝阳发生8级大风，海淀瞬时大风达12级。市物资局储运公司在清河货场的长50余米、重40多吨的塔吊车4台被刮出轨道，其中一台被风刮翻。一间房子房顶被大风刮走。

1996年2月26日，顺义、汤河口、密云、通县、朝阳、门头沟、北洼路、石景山、丰台、大兴出现大风，10分钟平均最大风速 14.2 米 / 秒（相当于瞬时极大风速 21.1 米 / 秒）。丰台区 1400 亩塑料大棚被掀走，其中 416 亩最严重，棚内蔬菜被冻死，需补种。通县部分乡镇蔬菜棚、日光温室遭受风灾，大风吹开草苫、吹破塑料膜，棚架扭曲、整个掀翻。致使棚内蔬菜裸露在外，受冻而死；受灾面积 302 亩，直接经济损失 300 多万元。

2000 年 4 月 4 日至 6 日，石景山、汤河口、顺义、延庆、密云、怀柔、上甸子、平谷、通州、朝阳、大兴、昌平、门头沟出现大风，10 分钟平均最大风速 17.1 米 / 秒（相当于瞬时极大风速 25.5 米 / 秒）。其中，4 月 6 日出现了沙尘暴天气，最低能见度 300 ~ 400 米，为保证飞行安全，有 48 架次航班备降天津等地机场，延误航班 60 架次，返航 6 架次，取消 4 架次。能见度低对地面交通也造成一定影响，交通事故比平日增加 20% ~ 30%。大兴县塑料棚严重毁坏，保护地内蔬菜和西瓜受冻 1800 亩，其中定植早的中棚西瓜占 60%，瓜苗全部冻死。顺义县刮坏北务镇 2500 多个西瓜大棚，被吹毁的大棚占全镇大棚总数的 1/3。直接经济损失近千万元；间接经济损失 400 多万元。

2001 年 6 月 16 日，平谷县多个乡镇出现大风，倒塌房屋 1805 间，损坏房屋 14 间，农作物受灾面积 2648 公顷（约 39720 亩），直接经济损失 2946 万元。

2003 年 10 月 14 日，通州区出现了大风天气，瞬时风速达 22.5 米 / 秒。造成凉水河高古庄村段有 95 棵树刮倒。大运河配菜中心生产基地有 5 个温室大棚刮坏。供电局有 21 处掉闸，造成部分地区停电。电信部门有 30 根电线杆被刮倒。

2004 年 3 月 29 日，北京午后瞬时风力达 8 级以上，造成首都机场一百余架次进出港航班被延误。下午，房山区一处工地外墙被大风刮塌，将正在抹墙施工的 7 名工人埋压，造成 3 人死亡、4 人受伤。

2005 年 1 月 31 日，出现大风天气，海淀站风速达 21 米 / 秒。上午 9 时前，地铁 13 号线回龙观站附近一简易房屋顶被大风刮落，砸在地铁铁轨上，造成地铁列车停运近 10 分钟。大风还吹倒了城市一些广告牌或土墙、枯树等物，造成人员受伤及汽车受损。

2008 年 8 月 2 日下午，怀柔区九渡河镇遭受大风袭击，导致玉米等农作物倒伏，果树枝干被风刮断、落果，受灾面积 247.5 公顷（约 3713 亩），其中绝收面积 105 公顷（约 1575 亩），造成农业直接经济损失 340 万元；延庆县旧县等四个乡镇遭到雷雨大风袭击，造成 2133.3 公顷（约 3.2 万亩）玉米倒伏，减产 1280 万公斤，经济损失 1920 万元。

2010 年 12 月 10 日，首都机场地区平均风力达 15 ~ 17 米 / 秒，最大阵风 27 米 / 秒。大风导致 T3 航站楼屋顶相继出现破损，破损总面积 800 平方米，并有金属片、保温棉等吹至停机坪和 T3C 四层车行道，首都机场全天共延误航班 961 架次，取消 86 架次。

龙卷风灾害

关于北京地区发生的龙卷风，历史典籍记载甚少，而通过现代观测手段记录到的龙卷风也不多，至今仅知北京地区所发生的龙卷风有7次。其中5次发生在1949年以后。龙卷风虽然给人员、财物造成了一定损失，但因北京地区发生的龙卷风风力有限，且时间短、受灾范围较小，故与其他灾害相比，龙卷风所造成的损失也较小。根据1949年以后的5次记录来看，除树木庄稼损失较严重外，对房屋的损坏与对人员的安全威胁不大。

历代重点龙卷风灾情

清康熙十五年（1676年）五月初一日，京师忽天气晦黑，有大风从西山来，势极厉，飞沙拔木，震动天地。前门、厚载门（即地安门）一带房屋六畜俱被摄去，居人死伤无数。有男妇数人卷入半空，掀翻撞击——卢沟桥民吸堕前门内，远近奔骇；有人骑驴过正阳门，御风行空中，至崇文门始坠地，人驴俱无恙；又有人在西山皇姑寺前，比风息，身已在京城内。此事之罕见者。

清嘉庆二十三年（1818年）七月初九日酉时，平谷县大风，有黑云起天望山，若旋舞之状，自山而西，复折而东，过西阁高村，屋皆倒，拔其椽盘空作舞，屋瓦翩翩如燕子。

1956 年 6 月 15 日 18 时 52 分至 54 分，北京西便门外出现龙卷风，7 人受伤，毁坏粮库和北京暖气工厂食堂各一间。同时在华北农业研究所东南方约 500 米处也观测到一股龙卷风，吹倒、刮断树木 9 棵（直径 30 ~ 40 厘米）和 2 米高石碑 1 座。庄稼受损。

1963 年 8 月 6 日至 7 日，两股龙卷风分别经过丰台长辛店乡、王佐乡，风势大，龙卷风所经之处倒折高粱、玉米等各种农作物达 550 多亩，连根拔起或折断树木 400 多棵。

1983 年 8 月 3 日，顺义县大孙各庄发生龙卷风，时间短、范围小、强度大，被折断大树发出巨大响声。倒塌围墙几十米，500 斤重大铁门被抛出 24 米，大型佳木斯脱粒机被刮得翻滚。

1990 年 5 月 28 日 18 时，来自西北方龙卷风夹带冰移至延庆县沉家营乡孙庄附近，刮倒大小树木 180 余棵，直径 40 厘米的大树被连根拔起，一农户小棚屋顶被卷上天空，40 多座民房屋瓦被掀掉，1000 多亩庄稼受灾。

1990 年 7 月 16 日 23 时 43 分至 45 分，通县西集乡合和站村，出现范围不足 1 平方公里的龙卷风，最大风力达 10 级，刮倒直径 50 厘米以上的大树 32 棵、直径 20 厘米左右的树木 180 棵、电线杆 43 根，院墙倒塌 200 多米，20 多户民房瓦被掀掉 8000 多块，毁坏变压器 1 台，全村停电 3 天，直接经济损失 8.2 万元。

1999 年 7 月 17 日 19 时，怀柔县渤海镇遭受龙卷风袭击，龙卷风经过的地方共刮倒、刮断成材树 1637 棵，板栗、核桃等果树 10233 棵，减产 15 万公斤，1353 亩玉米倒伏，不少民房被刮倒的树砸坏，高压电线及通信线路被砸断。在马道峪村，一连有8根电线杆被刮倒或刮断，3家垂钓场的钢架苇帘大棚被刮倒，部分苇帘被龙卷风卷走。直接经济损失185万元。

暴雨灾害

暴雨所引发的洪涝灾害是北京地区最严重的自然灾害之一，不仅常常给人民群众的生命财产造成巨大损失，而且对北京城也构成严重威胁。关于北京地区所发生的洪涝灾害，史籍中的记载比较丰富，最早可追溯至汉代，这些记载为研究北京地区的气象变化与洪涝灾害的发生规律提供了比较翔实的资料基础。根据元代至2000年的暴雨洪涝灾害资料，元末以来北京地区发生的重大暴雨洪灾年18次，所造成的破坏与损失异常严重。

暴雨是北京地区比较严重的气象灾害，特别是持续时间长、强度大的暴雨常造成洪涝灾害，给人民生命财产和经济发展带来巨大威胁。一般日（或24小时）降水量≥50毫米的降水统称为暴雨；其中50～99毫米为暴雨，100～199毫米为大暴雨，≥200毫米为特大暴雨。凡洪涝灾害，日（或24小时）降水量均超过50毫米。故洪涝灾害均为暴雨所致。

根据元至元八年（1271年）至2000年的暴雨洪涝灾害资料，在730年中，暴雨洪涝灾害有332年，出现频率为45%，平均约 2 年一遇；其中重灾 123 年，其出现频率为 17%，约 6 年一遇。上述统计不包括未造成灾害的暴雨。

自清光绪九年（1883 年）至 2000 年的 118 年间，北京地区出现日或 24 小时降水量≥ 200 毫米的特大暴雨过程共有 73 次，其中≥ 300 毫米的 17 次，≥ 400 毫米的 9 次。最大日（或 24 小时）降水量为 479.2 毫米，出现在 1972 年 7 月 27 日怀柔县枣树林。12 小时最大降水量为 410.8 毫米，6 小时最大降水量为 316.6 毫米，均出现在 1972 年 7 月 27 日怀柔县沙峪。2 个小时最大降水量为 288.0 毫米，1 小时最大降水量为 150.0 毫米，均出现在 1976 年 7 月 23 日密云县田庄。

历代重点暴雨灾情

清嘉庆六年（1801 年）五六月，连续降雨达 29 天，造成永定河、大清河等河流水位暴涨，永定河三家店的洪峰流量达 10400 立方米 / 秒，卢沟桥洪峰流量达 9600 立方米 / 秒，是自弘治十三年（1500 年）以来发生的最大洪水，相当于 250 ~ 500 年一遇。洪水造成河道漫溢、溃决，灾情严重，受灾县 11 个，粮田 20% ~ 80% 无收，并造成 35 人被洪水冲走。

1939 年洪灾是近代北京地区著名的大洪灾之一。7 月至 8 月，连续降雨多达 30 ~ 40 天，潮白、北运、永定河及大清河水系均发生严重灾情。全市浸水村庄 10050 个，浸水房屋 52.9 万间，死伤人数 15740 人，损失极为惨重。

中华人民共和国成立后，也有的年份连降暴雨，造成洪涝灾害，比较典型的是1956年、1959年与1963年、1994年、1996年。其他年份虽然也有暴雨发生，但灾害损失相对较小。

1956年7月下旬至8月上旬，北京连续出现大雨，造成各大河流水位暴涨，永定河出现险情，仅朝阳、通县、大兴、顺义、昌平、房山等区县的农田受淹面积即达17.6万公顷(约264万亩)，部分房屋倒塌，人员伤亡。

1959年7月下旬至8月中旬，30天总降雨量达528.6毫米，比多年同期平均多一倍以上。全市倒塌房屋4.2万间，245个村庄被水淹泡，伤亡100多人，城区部分街道积水0.5 ~ 1.3米，交通中断，一些工厂生产受到影响。

1963年8月初，河北省太行山地区出现百年罕见特大暴雨，北京8月4日开始，城区及西北部一带出现暴雨，9日夜，暴雨停。本次暴雨历时长、强度大，造成山区与平原地区发生严重洪涝灾害。

1994年7月12日，全市出现暴雨，顺义杨镇降雨量最大，为413毫米，日雨量达391毫米，为百年一遇。洪涝灾害波及61个乡镇，倒塌房屋12130间，冲毁公路268公里、桥梁184座，大量农田积水，京承铁路和京平公路一度中断。

1996年7月下旬至8月上旬，全市普降大到暴雨，局部地区发生特大暴雨。汛期共有13个区县90个乡镇受到不同程度洪涝灾害。2.7万间房屋受到损坏；农田受灾面积3.1万公顷（约46.5万亩)，绝收面积2133公顷(约3.2万亩)，减产粮食1.3万吨；水产养殖损失16万公斤。部分桥梁、公路、堤防、橡胶坝损坏，直接经济损失达4.2亿元。

2012年7月21日至22日8时左右，中国大部分地区遭遇暴雨，其中北京及其周边地区遭遇61年来最强暴雨及洪涝灾害。截至8月6日，北京已有79人因此次暴雨死亡。根据北京市政府举行的灾情通报会的数据显示，此次暴雨造成房屋倒塌10660间，160.2万人受灾，经济损失116.4亿元。

冰雹灾害

冰雹是北京地区常见的气象灾害，几乎每年都有不同程度的雹灾发生。北京地区多数雹粒像黄豆、蚕豆，少数雹粒有如鸡蛋，极少数如碗大。雹粒常砸毁庄稼、民房、路灯、汽车、窗户玻璃等，甚至砸伤、砸死人、畜。 冰雹常与雷雨大风、骤雨、雷暴相伴，对局部地区造成严重灾害。

北京地区古代关于雹灾记载的很少，详细记录始于1949年后，各区县均有气象台站监测。1949年至2000年的雹灾日数，平均每年8天以上，由于古代雹灾记载遗漏很多，所以元至元八年（1271年）至2000年的雹灾日数，平均一年一遇。例如，明弘治六年（1493年）八月辛未（初九）日，京师雹“大如弹丸，小如栗枣，平地壅塞，人皆惊骇……”（《明孝宗实录》）明万历十三年（1585年）农历五月乙酉，宛平县玉河乡大雨雹，“伤人

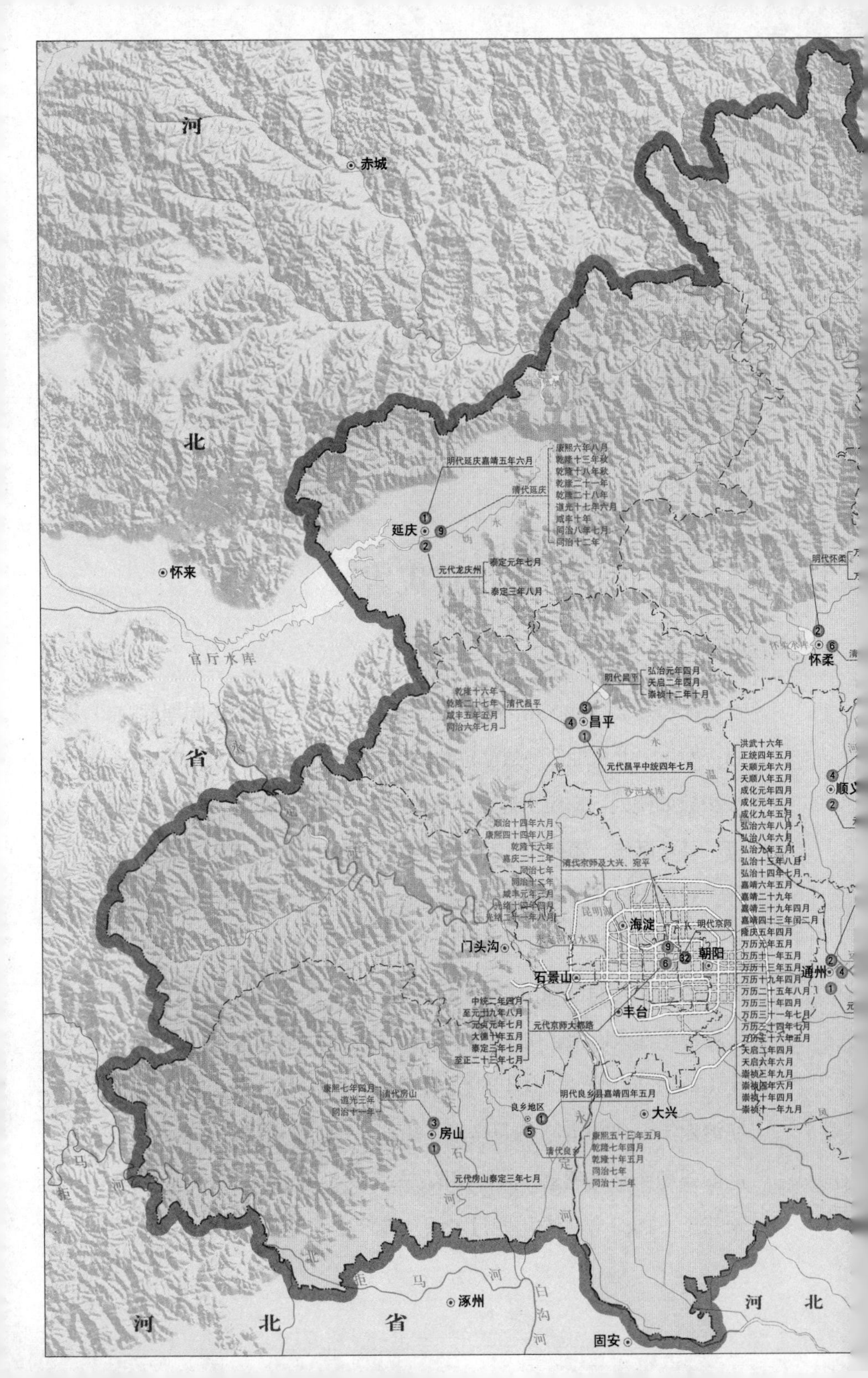

河
北
省
赤城
怀来
官厅水库
延庆
明代延庆嘉靖五年六月
清代延庆
康熙六年八月
乾隆十三年秋
乾隆十八年秋
乾隆二十一年
乾隆二十八年
道光十七年六月
咸丰十年
同治八年七月
同治十二年
元代龙庆州
泰定元年七月
泰定三年八月
明代怀柔
怀柔
明代昌平
弘治元年四月
天启二年四月
崇祯十二年十月
清代昌平
乾隆十六年
乾隆二十七年
咸丰五年五月
同治六年七月
昌平
元代昌平中统四年七月
沙河水库
顺义
顺治十四年六月
康熙四十四年八月
乾隆十六年
嘉庆二十二年
同治七年
同治十二年
咸丰元年二月
光绪十四年四月
光绪二十一年八月
清代京师及大兴、宛平
昆明湖
海淀
明代京师
洪武十六年
正统四年五月
天顺元年六月
天顺八年五月
成化元年四月
成化元年五月
成化九年五月
弘治六年八月
弘治八年六月
弘治九年五月
弘治十三年八月
弘治十四年七月
嘉靖六年五月
嘉靖二十九年
嘉靖三十九年四月
嘉靖四十三年闰二月
隆庆五年四月
万历元年五月
万历十一年五月
万历十三年五月
万历十九年四月
万历二十五年八月
万历三十年四月
万历三十一年七月
万历三十四年七月
万历三十六年五月
天启二年四月
天启六年六月
崇祯三年九月
崇祯四年六月
崇祯十年四月
崇祯十一年九月
门头沟
朝阳
石景山
通州
中统二年四月
至元二十九年八月
元贞元年七月
大德十年五月
泰定三年七月
至正二十三年七月
元代京师大都路
丰台
康熙七年四月
道光三年
同治十一年
清代房山
房山
元代房山泰定三年七月
明代良乡县嘉靖四年五月
良乡地区
清代良乡
康熙五十三年五月
乾隆七年四月
乾隆十年五月
同治七年
同治十二年
大兴
永定河
拒马河
白沟河
涿州
固安
河北
河北省

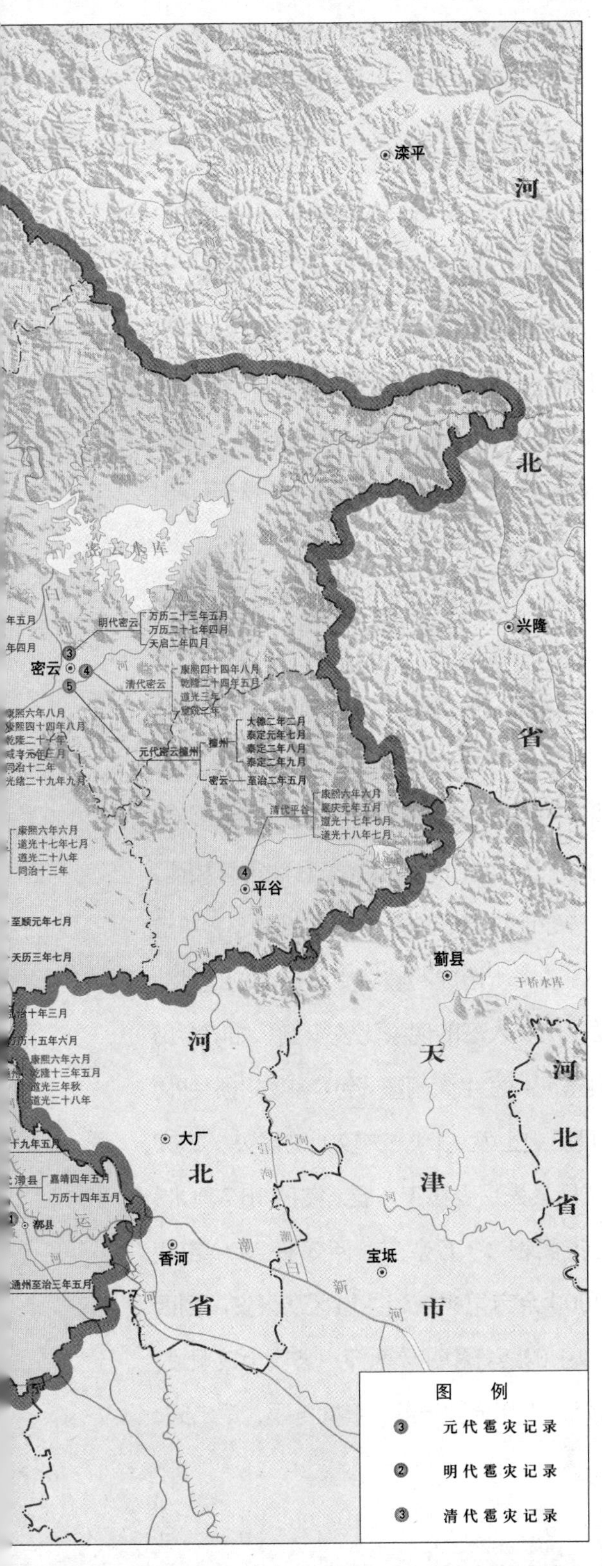

元、明、清时期北京地区雹灾记录分布图

畜以千计”。(《明神宗实录》)明天启二年(1622年)农历四月，京师密云、昌平等地“阴风怒号，雹如鸡子大，著屋瓦俱碎，草木禾稼毁折不可胜纪”。(《古今图书集成》)清道光十七年(1837年)六月二十三日，“延庆州雨雹，永宁贾家楼雹积丈许，月余始消”。(《光绪延庆州志》)同年七月十三日酉刻，“平谷大雹如卵。城东、南、北如碗者，由城内至城西二十余里，接连三河县界，秋禾尽平，城内外屋瓦碎其大半”。(《光绪顺天府志·祥异》)

雹灾虽然是北京地区最常见的自然灾害，但金代以前的记载只有3条，遗漏很多。金代以后雹灾的记载开始增多，然而内容一般都比较简略，灾害损失详情记载得很少，这样对研究古代气象、判断雹灾的破坏程度与造成的经济损失，以及官方对灾害发生后所采取的政策就造成了困难。中华人民共和国成立后，北京发生的雹灾灾情才开始有了比较详细的记录。与其他灾害相比，雹灾的范围与破坏程度，一般比洪水、地震、泥石流要小，所造成的损失也比这些灾害小。雹灾所造成的破坏威胁最大的是种植业，其次是林业与建筑物，伤及人畜的现象比较少见。如明万历十三年(1585年)，宛平县玉河乡发生大雨雹，除庄稼受到损失外，还“伤人畜以千计”，这是历史上发生的一次较大的雹灾。1969年8月29日，城区及9个区县先后受雹灾，最大雹径16.7厘米，最大雹粒重2.8公斤，受灾面积2.3万余亩。西郊有2500亩蔬菜、7000余亩秋作物、4000余亩果树被毁。城区从天安门到西单、德胜门至广安门，2/3以上的路灯和迎风面窗户玻璃全被砸毁；凡雹灾发生之地，温度下降，树叶全被击落，形同冬季，第二天，所积冰雹仍未完全融化。这次雹灾范围之广、强度之大、危害之重实属少见。

历代重点雹灾灾情

北京地区古代的雹灾记载很少，详细记录始于1949年后，各区县均有气象台站监测。1949年至2000年的雹灾日数，平均每年8天以上，由于古代雹灾记载遗漏很多，所以元至元八年（1271年）至2000年的雹灾日数，平均一年一遇。

西晋太康元年（280年）四月庚午，范阳国雨雹。

唐神功元年（697年），妫州雹。

辽统和十六年（998年），北平九月，风雹伤稼。

金大定二十三年（1183年），顺天府五月丁亥，雷、雨、雹。

金明昌六年（1195年）二月，京师大雨雹，昼晦大风。

金承安二年（1197年）六月丙午，雨雹。

金泰和八年（1208年）四月癸卯，日昏三重皆内黄外赤。闰四月甲午，雨雹。

元至元四年（1267年），燕京、河间等路雨雹害稼。

元大德二年（1298年）二月，檀州雨雹。

元延祐三年（1316年）五月，蓟州雹，积三尺。

元泰定元年（1324年）七月，龙庆州（今延庆县）雨雹，大如鸡卵，平地深三尺。

元泰定三年（1326年）七月，房山、宝坻、玉田等地大风雹，折木伤稼。七月大都诸路水，大风、雨雹。八月龙庆路雨雹一尺……

元至正二十三年（1363 年）七月，京师大雨雹，伤禾稼。

明洪武五年（1372 年）五月癸丑夜，中都皇城万岁山，冰雹大如弹丸。

明洪武十六年（1383 年），北平府东安、宛平、大兴三县……雨雹伤稼，诏免……田租。

明正统四年（1439 年）五月，京师大雨雹，坏官民舍三千三百九十区。

明天顺八年（1464 年）四月庚寅申时，京师雨雹大如卵，损禾稼。

明成化元年（1465 年）五月，京师大风，皇城以西有声如雨雹，视之皆黄泥丸子，坚净如樱桃大，破之中有硫黄气。

明弘治元年（1488 年）农历四月，昌平天寿山雨雹，击碎各陵楼殿庙亭及附属房屋之瓦顶。

明弘治六年（1493 年）八月辛未（初九）日，京师雨雹，大如弹丸，小如栗枣，平地壅塞，人皆惊骇……

明嘉靖四年（1525 年）农历五月甲戌，顺天府东安县、漷县雨雹如鹅卵，自未（时）至酉（时），大杀禾稼。

明嘉靖二十九年（1550 年），以北直隶顺天府属冰雹，蠲免秋粮有差。

明万历十三年（1585 年）农历五月乙酉，宛平县玉河乡大雨雹，二麦俱伤，秋禾亦被损。伤人畜以千计。

明万历十五年（1587 年）六月初三暮，通州大雨雹，大者如鸡卵，间有如杵、如升者，坏民房屋、牲畜。七月，顺天府风雨陡作，冰雹横击……

明崇祯十二年（1639 年）十月，昌平雷电、雹、大雨。

清康熙六年（1667 年）六月，三河雨雹，大如碗，平地深数尺，田禾尽伤，屋瓦皆碎，远近数十里。

清康熙四十四年（1705 年）八月，京畿雨雹伤禾稼。

清雍正二年（1724 年），东安冰雹伤稼。

清乾隆十六年（1751 年）十月乙未，赈贷直隶昌本、宛本……二十六州县本年水、雹灾饥民并旗户、灶户。

清乾隆十八年（1753 年），延庆州秋雨雹。十一月辛酉，缓征延庆、宣化……十三州县厅本年水、雹灾民额赋。

清嘉庆元年（1796 年）五月二十五日，平谷县大雨雹，大如鸡卵，无麦。

清道光三年（1823 年），本年直属通州等一百一十一州县厅二麦秋禾被雹、被水，歉收成灾，重且广。翌年正月，赈顺、直、通州等三十八州县雹灾。

清道光十七年（1837 年）七月十三日，酉刻，平谷雹大如卵。城东、南、北如碗者，由城内至城西二十余里，接连三河县界，秋禾尽平，城内外屋瓦碎其大半。

清咸丰元年（1851 年）三月甲子，大雨雹，伤人畜，坏屋宇。怀柔大雨雹。

清同治六年（ 1867 年）夏，昌平大旱，秋七月雨雹。缓征直隶宛平、通县、房山、顺义、良乡……四十五州县被水、被旱、被雹、被风地方新旧额赋……有差。

清同治十一年（1872年）十月戊寅，缓宛平、良乡、房山……六十四州县被水、被旱、被雹地方新旧额赋有差。

清光绪十四年（1888年）清史记事本："是年，京师凡两度雨雹，一在四月，一在六月。"

清光绪二十一年（1895年）八月辛未，缓征顺直大兴、宛平……十三州县被水、被雹地方免征本年……暨节年的欠粮租有差。

清宣统二年（1910年），密云县冯家峪和高岭地区，在秋季将要收梨时，下了一场雹子，梨被打烂，损失极大，庄稼全倒伏。

民国六年（1917年），平谷七月十六日烈风雨雹，禾稼伤损。

民国十九年（1930年），大兴风雹，田禾被砸坏，风拔毁树木53株。

1950年8月31日下午，平谷南都乐河、峨眉山、黑豆寺一带，谷子、高粱受灾严重。

1953年6月1日12时，京西矿区河北区5个村和周口店5个村农作物受灾面积共5022亩。

1954年6月11日，怀柔县11个村受雹灾，冰雹最大似鸡蛋，地面积雹16厘米厚，重灾面积达1万余亩。

1956年6月7日，门头沟区3个乡18个村降雹两次达1小时30分钟之久，小的如玉米粒，大的似鸡蛋，受灾面积达1.6万亩。

1956年7月13日，昌平县两个乡和京西矿区永定庄一带受雹灾，最大的似鸡蛋，最长持续降雹20分钟，受灾农田达3.2万余亩，其中重灾 2000 亩，砸伤 20 人，另损失果品 48 万斤。

1956 年 9 月 1 日，怀柔县 19 个乡 89 个村受雹灾，降雹 10 ~ 20 分钟，砸毁农田 9.1 万余亩，砸伤 19 人，城关镇房屋北面玻璃全被冰雹打碎。

1959 年 6 月 6 日，密云等 6 个区县 17 个乡受雹灾，最长降雹 45 分钟，受灾面积达 10.4 万余亩，砸伤 92 人，砸死 5 头驴、26 头猪。

1959 年 6 月 7 日，平谷县 2 个乡 39 个村受雹灾，最长降雹 20 分钟，地面积雹最厚达 20 厘米，大雹似枣子，受灾面积达 7.8 万余亩。

1962 年 9 月 19 日，延庆县 6 个乡 24 个村降雹 10 ~ 20 分钟，地面积雹 3 ~ 8 厘米深，受灾农田 3723 亩。

1965 年 7 月 6 日，怀柔县崎峰茶、八道河、碾子、喇叭沟门等 4 个乡降雹，农田受灾 3499 亩，砸坏果树 294 棵，砸伤 18 人，砸死羊 30 只、牛 1 头，毁房 133 间。

1967 年 5 月 22 日，平谷县 9 个乡受雹灾，最大似鸡蛋，地面积雹 30 多厘米，受灾面积 6.4 万余亩，其中韩庄乡 16 个村 2.5 万亩小苗被砸平。

1970 年 6 月 18 日、19 日，延庆县 8 个乡 69 个村受雹灾，雹粒似玉米粒，受灾面积 10 万余亩。

1974 年 5 月 13 日，延庆县白河堡、花盆、沙梁子、千家店遭雹灾，5800 亩庄稼成灾。

1974 年 8 月 26 日，昌平等 5 个区县 24 个乡受雹灾，面积达 3.6

万亩，重灾1万余亩，朝阳区白菜叶子被打烂，只剩下菜心。

1975年7月7日，通县、平谷2县33个村受雹灾，降雹10～15分钟，雹粒似蚕豆，受灾面积近3万亩，其中重灾1万多亩。

1980年6月22日，通县12个乡受雹灾，最大冰雹似核桃，最长持续降雹30分钟，受灾面积达15万亩。

1985年5月9日，延庆、密云、平谷、怀柔4个县先后降雹，地面积雹深3厘米，7个乡镇小麦被砸折10%，受灾面积2000亩；450亩果树60%幼果被砸伤，并砸毁豆类作物500亩。

1985年5月24日，延庆等4个区县16个乡镇受雹灾，历时5～10分钟，最大雹径3厘米，受灾面积达9万余亩，其中绝收2.6万亩。

1988年8月22日，房山区5个乡受雹灾，历时10分钟，最大雹径5毫米，受灾面积达2万余亩。

1988年9月2日，门头沟区青白口和燕家台降雹10分钟，受灾粮田480亩、菜地120亩。

1990年8月30日，平谷等5个区县30多个乡受雹灾，历时15～20分钟，最大雹径5厘米，受灾农田面积达16万余亩，其中重灾6万亩、绝收1万亩，砸坏420万块砖坯。

1991年6月8日，昌平等4区县17个乡受雹灾，历时7～15分钟，最大雹径5厘米，受灾果树2.6万亩、菜田和农田1.6万余亩。

1995年6月22日，房山、大兴、延庆3区县29个乡镇受风雹灾害，历时5～20分钟，最大雹径4厘米，受灾面积达15.8万余亩，其中果树5.5万亩、蔬菜2.8万亩、西瓜2.8万亩。

1995 年 6 月 30 日，昌平 7 个乡降雹 30 分钟，6000 亩林地受灾，1500 株栗树减产 8.5 亿斤。

1997 年 6 月 24 日，通县、顺义、密云、怀柔、平谷、延庆 6 县境内出现风雹天气，最大冰雹直径 4 厘米，最长降雹时间 30 分钟。6 县总受灾面积 5.95 万亩，直接经济损失 2796.38 万元。其中顺义县的张镇、大孙各庄、龙湾屯镇出现了近百年不遇的特大风雹灾，刮倒树木 550 棵，损坏房屋 2000 多间，砸死雏鸡、成鸡 16.5 万只，砸伤 5 人。

2000 年 5 月 17 日，顺义区牛栏山、赵全营乡出现冰雹天气，降雹持续约 10 分钟，冰雹大如鸡蛋，密度为 40 ~ 50 个 / 平方米，砸坏许多太阳能装置、塑料大棚，砸死野外放鸭近千只；1.3 万亩小麦、4000 多亩果树受损。

2001 年 6 月 13 日，通州区、延庆县出现雹灾。通州区张家湾镇降雹历时 3 ~ 5 分钟，农作物受灾面积 4000 亩。延庆县沈家营、延庆县城、张山营三镇遭受雹灾，持续 10 分钟，大部分冰雹直径为 1.5 厘米左右，最大达 3 厘米，造成 0.24 万亩果树、1.15 万亩大田作物受灾。

2003 年 5 月 22 日，门头沟清水镇出现冰雹，冰雹直径 2 厘米、降雹持续 15 分钟，地面积雹厚度 3 厘米。核桃、杏、山桃等果树以及玉米、黄豆等作物粮田受灾，经济损失合计 16 万余元。9 月 22 日，门头沟区斋堂镇突降大雨冰雹，持续约 15 分钟，直径 1.5 厘米，苹果、枣等果品损失 37.2 万元。

2005 年 5 月 31 日，一场冰雹自西向东袭击北京大部分地区，最大冰雹有鸡蛋大小，除造成9000多万元的农业损失外，还导致上万辆机动车受损，车身被砸出许多凹痕，不少车辆的挡风玻璃被砸坏。

2008年9月14日，延庆县和昌平区遭冰雹袭击。延庆县张山营镇、八达岭、康庄三个镇受冰雹袭击，历时5～10分钟，冰雹直径0.5～1.0厘米，果树、蔬菜受灾面积10850亩。

2009年6月14日，平谷区镇罗营镇8个村降雹，历时5～25分钟，冰雹最大直径2厘米，桃、梨果树和其他作物受灾总面积9858亩。

2010年6月17日，通州张家湾镇葡萄和平谷区黄松峪乡柿子遭受冰雹袭击，受灾面积约500亩，成灾300.29亩。8月31日，平谷区峪口地区和夏各庄、南独乐河镇一带降雹，冰雹平均直径为黄豆粒大小，最大直径有栗子大小，峪口镇最大风力达到9级，苹果、桃等果树受灾。

高温灾害

高温是夏季经常发生的灾害，高温之下，种植业与养殖业生产都会受到一定影响，使旱情进一步加重，增大农业生产损失；在城市，用水、用电大量增加，易因电力负荷加重而出现事故，使百姓生活受到影响；人体健康也受到威胁，死亡率也会因高温而增高。但有关高温灾情的记载，在解放以前很少，解放后才日渐详细。

1981 年 7 月 18 日至 23 日和 7 月 29 日至 8 月 2 日，北京先后两次发生持续 5 ~ 6 天的高温闷热天气，使生产下降，给人民生活造成很大不便，是一次典型的高温天气。1981 年是 1949 年以来北京因高温而减产最严重的一年，也是 1944 年至 1981 年持续高温闷热时间最长的一年。

历代重点高温灾情

明万历二十八年（1600 年），京畿久旱酷热，诸谷焦枯。七月初十，雨泽愆期。

清康熙十四年（1675 年）五月乙亥，天气炎亢，农事甚忧。

清康熙十七年（1678 年）六月，炎暑特甚，自京师至关外热伤人畜甚众。

清乾隆八年（1743 年）五月，蓟州大热，人多暍死。三河大暑，人多病暍。六月，京师盛暑。六月初一日，乾隆帝谕："近日京师天气炎热,虽有雨泽并未沾足。若再数日不雨,恐禾苗有损,且人民病暍者多。"又谕："今年天气炎热，甚于往时，九门内外街市人众，恐受暑者多。著赏发内帑银一万两，分给九门，每门各一千两，正阳门二千两，预备冰水药物，以防病暍。"

清乾隆十七年（1752 年）七月乙亥谕："自六月中旬以后，畿辅各属雨泽短少，炎热异常……"

清道光七年（1827 年）六月癸未，帝谕："京师自闰五月下旬以来，酷热非常，又形酷旱……" 同年夏，昌平大热，人有暍死者。

清道光十一年（1831 年）戊申得旨："京师不雨已近二旬，酷暑难当……"

民国八年（1919 年），京师近来气候亢旱酷热。

1961 年 6 月 10 日，房山县炒米店最高气温达 43.5℃，田间耕作的农民有中暑死亡者。

1981 年 7 月 18 日至 23 日和 7 月 29 日至 8 月 2 日，先后发生持续 5 ~ 6 天的高温闷热天气。据调查,全市多数人都长了痱子，各药店痱子粉脱销，病人死亡率增高，全市牛奶产量减少 25%，鸡蛋产量也大幅度降低。工农业生产均受影响，此次闷热天气是 1949 年以来北京因高温而使工农业生产减产最严重的一年，也是 1944 年至 1981 年持续高温闷热时间最长的一年。高温期间曾造成部分地区三层楼以上住宅供水缺乏。

1987 年 7 月 25 日至 31 日，连日高温闷热，据媒体报道，城市日供水量增加 15 万 ~ 20 万吨。

1998 年 8 月 6 日，因高温闷热天气，全市供电负荷陡升至 485 万千瓦。总供电量 9686 万千瓦时，部分居民区供电变压器保险掉闸，电表熔丝烧断，共发生 243 起供电故障。

1999 年 7 月 23 日至 31 日,发生高温天气。从 7 月 24 日起，各大医院中暑高烧患者增多，其中儿童医院此类患者日门诊量高达 3000 多人。25 日至 31 日更为严重。

干热风灾害

干热风是一种高温、低湿，并伴有一定风力的灾害性天气。主要发生在春末夏初季节，因又热又干的西南风或偏南风危害冬小麦的正常灌浆成熟，故又称小麦干热风。小麦受害后，轻则减产5%～10%，重则减产30%～40%。

干热风的气象指标是：14时气温大于30℃、日平均相对湿度小于30%、日平均风速大于3米/秒。干热风最多的年份是1952年、1966年和1968年，都有10天；1954年、1964年、1969年和1987年只有1天；而1970年、1973年、1976年、1977年和1979年，都没有发生干热风。

历代重点干热风灾情

干热风是春夏之间常发生的一种自然灾害，由于干热风发生的时间相对比较短，所造成的危害主要是农作物，所以历代关于干热风灾情的记载都比较少。干热风对小麦的影响最大，因正是小麦成熟期，可造成小麦大量减产，产量甚至可减少1/3以上。

历代干热风灾情如下：

明正统五年（1440年）暮春，北京近甸连旬不雨，烈风率兴，麦苗将枯。

明天顺元年（1457年），顺天府四月始，连日烈风大作。

明天顺三年（1459年），顺天府、顺义等四月以来，烈风连日，麦苗尽败。

清乾隆四年（1739年）三月望（农历每月十五日，有时是十六或十七日）以来，弥月不雨，炎风屡作，麦根虽无恙，而麦苗将萎矣。

1960年5月底至6月初，因干热风高温逼熟，京郊小麦产量下降32%。

1975年6月上旬，因干热风，京郊小麦瘪粒、逼熟减产较多。仅据北郊农场3.6万亩小麦千粒重降低，减产30%～40%。

1982年5月下旬至6月上旬，出现6天干热风天气，京郊有115万亩小麦千粒重低于30克，造成减产。

1983年6月上旬和中旬，出现6天干热风天气，顺义县60万亩夏粮平均千粒重减少1.5克。

1986年6月上旬，出现6天干热风天气，全市受干热风影响有8.9万亩，其中昌平4.5万亩、密云2万亩、石景山0.2万亩、门头沟1.2万亩、矿区1万亩。

低温冻害

低温冻害是指北方强冷空气（包括寒潮）暴发南下侵袭北京，受其影响出现强烈降温，并伴有大风，常出现降雪、冰冻、霜冻，因气温骤降，对人民生活和生产造成危害。如明隆庆元年（1567年），寒潮大风雪造成“京师城内九门，凡冻死者一百七十余人”。

北京地区的寒潮标准是日最低气温在 24 小时内下降 8℃及以上，或 48 小时内下降 10℃及以上或过程降温 12℃及以上，且日最低气温等于或小于 4℃，风力在 5 级以上。强冷空气的标准低于寒潮，但也是造成冻害的因素。

北京地区每年出现寒潮的次数差异很大，最多的年份可出现 6 次，最少的为零。20 世纪 50 年代中期至 70 年代初，寒潮出现次数较多，平均每年 3 次；70 年代初至 2000 年，寒潮活动较少，平均每年 1 次，1996 年至 2000 年连续 5 年无寒潮出现，这是 1951 年有寒潮记录以来最长的连续无寒潮年数。

低温冷害是北京地区比较严重的自然灾害，其危害程度远大于高温与干热风，所以历代对寒潮的记载比高温与干热风都要多。寒潮在秋末冬初与春季发生最为频繁，在季节更替之际，所造成的危害也最大。寒潮对农作物的危害比较严重，对生产与人民生活都有较大影响，因天气突然变化，在经济不发达的年代，常发生贫穷之人冻饿而死的现象。如明隆庆元年（1567 年）清明期间，风雪交作，寒冽异常，结果城外冻死者达 170 人之多。至于农作物因冻害而减产，则更为频繁。

历代重点低温灾情

西汉元狩元年（前 122 年），蓟城十二月，大雨雪，民多冻死。

北魏永平元年（508 年）三月己酉，幽州陨霜。

元中统三年（1262 年），北京陨霜害稼。

元皇庆元年（1312 年）三月，陨霜，雨毛。

元泰定二年（1325 年）二月，京师大霜，昼雾。

元至顺元年（1330 年），京师大霜。

元至正元年（1341 年）四月，陨霜。

明成化十二年（1476 年）正月十三日，忽阴晦大风，郊坛灯烛俱灭，正在南郊郊坛举行祭祀的仪仗人员及乐官俱冻死。

明隆庆元年（1567 年）二月十八日（清明节），骤寒如穷冬，至晚大风雪。京师城内九门，凡冻死者一百七十余人。崇文门下，肩舆（小轿）中妇人并所抱孩子俱僵死。并舆夫（轿夫）二人亦仆，俄亦僵踞不复活。

明万历三十二年（1604 年），通州三冬大雪，民多冻死。

清顺治九年（1652 年）冬，通州大雪五尺，斗米价至一两（银），民有僵死者。

清康熙十一年（1672 年）五月，通州陨霜杀麦。

清康熙十九年（1680年）十月十八日、十九日，延庆州大寒，民有冻死者。

清雍正五年（1727年）正月，延庆州大雪三日，深数尺。奇寒，人畜有冻死者。

清乾隆四年（1739年）四月，通州陨霜杀麦。

清道光二年（1822年）秋，禾尚未尽熟，经霜而枯，岁大饥。

清道光三十年（1850年）十月十七日，平谷县大雪，自此天气严寒数日，至十一月初九。

清光绪二十九年（1903年）八月，通州霜。

民国三十七年（1948年），北京市8月12日即见早霜，即将收成之棉花又遭受损失。

1958年4月8日，最低气温 -1.0℃，小麦冻伤。

1959年11月10日、13日，最低气温均超过大白菜受冻临界值（零下5℃），达零下6.5℃，大白菜受冻害。

1966年2月22日晨，大兴县东黑垡最低气温 -27.4℃，打破平原地区的最低气温历史记录，致使小麦返青推迟，对小麦生长和产量有一定影响。

1968年11月7日至9日，出现寒潮大风降温灾害，48小时降温12.6℃，日最低气温 -7.8℃，瞬时极大风速20.6米/秒。京郊大白菜遭受严重冻害，损失1亿公斤以上。

1974年3月9日至11日，寒潮大风降温，24小时降温11.0℃，日最低气温 -8.6℃，瞬时极大风速27.6米/秒，严重影响京郊小麦返青。

1976年5月3日至4日，大风降温，地面温度降至 -1.7℃，部分山区出现冰冻，近郊区蔬菜受冻害面积达2.7万余亩。

1980年1月29日至2月27日，郊区出现了持续大风严寒天气，日平均气温一直在 -9℃～-10℃，最低气温持续在 -14℃～-17℃，小麦冻害严重，毁种面积近10万亩，死茎2～3成，减产34%。

1984年4月27日，晚霜冻害，使郊区3万多亩春播蔬菜遭到严重冻害，其中8000亩西红柿幼苗冻死。西瓜冻坏1万多亩。

1986年1月4日，寒潮大风降温，造成城区电力线路断线、掉闸等故障380起，供电损失93500度，保护地蔬菜380多亩遭大风破坏和低温冻害。据不完全统计，农作物受冻致死的达10余万亩。

1991年4月3日，受强冷空气影响，地面最低温度降至0℃以下，各地蔬菜普遍受冻，部分西瓜、蔬菜冻死。

1991年5月2日，受强冷空气影响，地面最低气温降至0℃以下，京郊蔬菜、西瓜普遍遭受冻害，仅据大兴县统计，受冻蔬菜1539亩，冻死171亩。此次低温冻害对小麦也有较大的不良影响。

1992年4月11日至15日，受强冷空气影响，地面最低温度降至0℃以下，据通县、平谷统计，农作物受冻面积达1.7万余亩，其中3000亩西瓜苗全部冻死。

1995年3月15日至17日，寒潮大风降温，24小时降温8.4℃，日最低气温 -4.2℃，瞬时极大风速达17米/秒以上，造成小麦叶尖冻枯，保护地蔬菜遭冻害。仅朝阳区就有 2 万亩小麦受冻，减产 170 万斤。全区蔬菜受冻 3091 亩，减产 396 万斤。

1995 年 11 月 1 日至 2 日，大兴县庞各庄长子营等蔬菜种植地，气温降到 −4℃ ~ −6℃，结冰层 2 公分，露天蔬菜全部受冻，部分保护地西红柿也有不同程度的冻害。受灾总面积达 14040 亩，经济损失 1056.3 万元。

2009 年 11 月 1 日、9 日至 10 日、12 日连续出现三次降雪，虽缓解或解除了前期出现的旱情，但突然降温对小麦冬前生长非常不利，小麦叶片出现冻伤，且降雪以后的低温寡照天气使小麦生长缓慢，不利于小麦分蘖，对冬前形成壮苗不利。冬小麦基本上没有经过第一阶段抗寒锻炼。虽后期气温有所回升、小麦抗寒性有所增强，但仍达不到常年的水平。冬季虽降雪较多，土壤墒情较好，但因积雪覆盖时间较长，温度低、负积温多，使部分麦苗不能安全越冬，出现死苗，影响产量。

2010 年 3 月至 4 月持续低温，对小麦、林果和设施农业均产生了明显影响。低温使得小麦生长期较常年偏晚 7 ~ 15 天，4 月 12 日至 15 日出现晚霜冻，造成正处于起身期的部分麦苗心叶尖端 2 ~ 3 厘米发青受冻；低温使得树木发芽时间较常年明显偏晚，花期推迟，温室内果树收获期推迟。4 月 12 日至 16 日，日最低气温均降至 0℃以下，低温造成延庆县杏花柱头冻伤，无法受精结果，未开放的杏花推迟开花期，花苞外层花瓣冻伤；低温迫使大棚蔬菜定植期较常年偏晚 10 天左右，加之日照持续偏少，使得设施菜苗和蔬菜生长也较常年偏缓。

雷电灾害

雷电是对流旺盛的雷暴云（积雨云）强烈发展造成雷暴天气的产物。雷暴天气不仅产生雷电，还常伴有大风和骤雨，有时甚至出现冰雹、龙卷风等灾害性天气。雷电是雷暴云中正负电荷中心之间或云中电荷中心与地之间的放电过程。雷电灾害主要指云、地之间的强烈放电对地表建筑物及通信、广播、电视、雷达、导航等各种电子设备造成损害与经济损失，或对人员造成伤亡的现象。

雷电灾害也是北京地区夏季经常发生的自然灾害，因其具有强烈的神秘色彩，且常有伤人事件，所以具有较大的社会影响和心理影响，正因为如此，北京地区发生的雷电灾害史籍中的记载也比较丰富。在古代，雷电灾害主要对建筑物和树木有破坏作用，解放以后，伴随社会经济的发展，雷电灾害对各种电子设施、供电设备的损害成为最大威胁，并可以引发火灾。如 1983 年 8 月 15 日 14 时 09 分，朝阳区十八里店铸造厂油库遭雷击起火，引爆 10 吨汽油罐 2 个及 2 吨柴油罐 2 个。同日，北京东郊焦化厂，雷击烧毁高 4.4 米、直径 6 米、体积为 100 多立方米的酒精罐两座，损失 15 万元。雷电伤人事故也比较频繁，1988 年，全市共发生雷击伤亡事故 11 起，死亡 4 人，击伤 10 余人。

历代重点雷电灾情

北魏太和七年（483 年）十一月辛巳，幽州雷电，城内尽赤。

唐太和七年（833 年）八月二十日夜，发生五层木塔被雷击起火而焚毁的灾害："忽风雨暴至，灾火延寺，浮屠灵庙，飒为烟烬。"

金明昌六年（1195 年）八月，风雨大作，雷电震击，龙起浑仪鳌云水趺下，台忽中裂而摧，浑仪仆落台下。

元至正元年（1341 年），怀柔四月陨雷。

元至正二十八年（1368 年）六月甲寅，大都大圣寿万安寺（今阜内白塔寺）遭雷击：雷雨中有火自空而下，其殿脊东鳌鱼口火焰出，佛身上亦火起。帝闻之泣下，亟命百官救护，唯东西二影堂神主及宝玩器物得免，余皆焚毁。

明永乐十九年（1421 年）四月，故宫因遭雷击而发生火灾，奉天、华盖、谨身三座大殿都被烧光，引起全国震惊。

明正统九年（1444 年）闰七月壬寅日，雷复震奉先殿鸱吻。

明嘉靖三十六年（1557 年）夏，故宫奉天、谨身、华盖三个大殿因雷击发生火灾，并延烧至奉天门、左顺门、右顺门及午门外的左右廊，把外朝的主要部分都烧光，皇帝只能在文华殿坐朝。这次雷击火灾损失之大是历史上罕见的，据当时的文献记载，人们仅打扫烧焦残烬就动用了军工三万多人，每天是"寅入酉出"，并征用民间小车 5000 辆作为运载工具。

明嘉靖三十八年（1559 年）二月，雷击奉先殿。

明隆庆五年（1571 年）六月，雷震圜丘广利门碎之……

明万历三年（1575 年）六月,雷击建极殿,雷击端门鸱尾……

明万历十三年（1585 年）七月，雷震郊坛广利门……

明万历二十二年（1594 年）六月，雷雨，西华门灾。

明崇祯十三年（1640 年）七月，雷击破密云城铺楼，所贮炮木皆碎，昌平雷击……

清顺治十年（1653 年）六月至闰六月，北京淫雨匝月，雷震先农坛西天门。

清康熙五十六年（1717 年），密云雷震冶山塔。

清雍正二年（1724 年）六月初九申时,雷落大成殿,火势猛烈,正殿焚烧，延烧寝殿、东西两庑、大成门、启圣王殿、金丝堂以及圣祖皇帝御碑东西亭。

清道光十年（1830 年）六月初一日,平谷县雷震县城南门楼。

清光绪十五年（1889 年）八月二十四日，雷雨交加，天坛祈年殿被雷火延烧。

1954 年 7 月，故宫慈宁门西北角垂兽被雷击，重约 5 公斤的琉璃瓦被击掉。

1957 年 6 月 23 日，北京海淀区温泉乡白家疃村一农家收音机天线遭雷击，天线熔断，收音机击碎，房屋受损，连水缸都被击出洞，院内晒衣铁丝下的妇女被击死。

1961 年 7 月 6 日 16 时 08 分，丰台气象站北面 500 米发生雷击，死亡 1 人，重伤 3 人，轻伤 3 人，电解池子崩碎。还有北京颐和园昆明湖东侧文昌阁（二层小楼）遭雷击，将兽头和横脊击掉3处，电灯的进户线烧断两处。

1967年6月24日，北京和平里地区一居民院内，高15米的树遭雷击。闪电蹿到距树干1.5米处的晒衣铁丝上，铁丝钉在墙上，一端转入室内，击死一个11岁女孩。

1978年5月8日，北京沙滩无线电研究所电视天线遭雷击，崩坏天线连接馈线的螺丝，引雷入室，天线插头未接在电视机上，雷电流将暖气片烧焦。

1982年8月16日，北京钓鱼台国宾馆院内，两处大树遭球状雷击。球状雷沿大树落下后，击倒一位卫士，并将2.5米高的警卫室平顶的混凝土顶板外边缘及砖墙击穿两个洞，门外拉线开关损坏，灯被打掉。另一处在窗户上击出两个洞，进入堆料的木板房，造成火灾。

1983年8月13日，法源寺门前一古树遭雷劈。

1988年9月14日，天坛公园一棵有500年树龄的柏树遭雷击。古柏树从上到下被劈开一条20厘米宽的裂缝。

1991年7月8日21时，朝阳区三里屯工人付某下夜班，在右安门351路等车，4人在树下躲雨，付某被雷击死，其他3人受伤。

1992年7月23日，香山团城演武厅，遭雷击损坏。

1995年7月4日21时30分，北京市水利局设在通县马驹桥水文站的超短波电台被雷电波击坏。

1998年8月30日，司马台长城遭雷击，1名外国游客被雷电击死，1人受伤。

2000 年 5 月 14 日下午，曹雪芹故居被雷击。首都机场 3 处遭到雷电袭击，部分设备损坏。

21 世纪以后，随着信息技术和计算机通信的快速发展，除去电视机、录像机、电话等电器外，空调、各类计算机和个人电脑、监视器、路由器、网卡等通信电子设备遭雷击的损失明显增加。2001 年北京地区发生雷击事故 30 余起，据市防雷检测中心勘察，其中 4 起雷击事故属于直击雷或接触过电压造成的，其余都是由于感应雷击和雷电波侵入造成的。

2006 年，本市发生雷电灾害近百起，造成了 3 死 3 伤的 5 起人身伤亡事件，单位遭受雷击的有 60 起，居民家用电器 20 起，高压线、古树、民房受损 12 起，直接经济损失近 350 余万元。

2008 年 8 月 14 日下午，怀柔区慕田峪地区出现雷雨天气，在慕田峪长城 8 号烽火台避雨的游客有 9 人遭雷击伤被紧急送往医院救治；其中美国游客 3 人、香港游客 2 人、内地游客 4 人。

2009 年 6 月 13 日中午，怀柔区雁栖镇箭扣长城 5 名游客遭遇雷击，造成 2 人死亡、3 人受轻伤。

2010 年，据不完全统计，北京市发生雷电灾害 50 起。其中人身伤亡事故 1 起，单位电子设备等遭雷击的有 19 起，居民区电器设备等遭雷击 26 起，直击雷造成高压线、民居等受损 4 起。

雾与雾凇灾害

雾

雾的生成和存在会降低空气透明度（水平能见度小于 1000 米），使视力受阻，视野模糊。因此，雾已成为公路、铁路、航运的一大灾害。电业部门观测表明，如长期不降透雨（雪），输电线路上绝缘子表面未被雨雪冲洗而积满粉尘，遇上浓雾，使其湿润后，极易导致“污闪”，从而造成大面积停电事故，影响工厂、医院、居民的正常生产和工作秩序；严重时甚至会造成全市停电。

北京地区全年出现大雾的日数，西北部少，东南部多。东南郊地势低洼、空气湿度较大，出现雾的概率较大，城区及大兴、通州、朝阳、丰台等区，全年雾日均在 17 天以上，年最多雾日数在 35 天以上。1980 年，观象台全年雾日数曾多达 51 天，为全市之冠。西北部平原雾日较少，全年雾日数在 10 天左右。而海拔 800 米以上的山区，由于气温低，潮湿空气沿山坡上升绝热冷却，当空气层结稳定时就凝结成山坡雾，尤其是夏季，百花山、灵山等高山终日云雾缭绕，成为山区一大景观。

北京城区和近郊区，一年之中，秋季雾最多，因为雨季之后的秋季，近地面层的空气湿度较大，天空晴朗少云，层结稳定，降温又快，有利于水汽凝结，易形成辐射雾，其中要属 11 月雾日为全年最多；夏季次之，春季最少。就一日而言，雾多始见于清晨日出之前，日出后，随着太阳辐射的增强，气温升高，湿度减小，雾抬升成云或消散。一般持续 2 ~ 6 小时，持续时间达 10 小时以上的较少见，偶尔也有超过 24 小时的雾，对陆上交通和飞机起降有严重影响。

雾凇

雾凇俗称树挂，出现在寒冬，它是在电线或树枝的迎风面上生成的一种毛茸茸的冰晶或松脆的粒状固体结晶物。雾凇随风速的渐渐增大可增长至很大，对树木、电线等具有很大危害。雾凇凝附在电线上，结冰后电线遇冷收缩，加上冰的本身重量，易造成电线绷断；有时成排电线杆都可被拉倒，使电信和输电中断。

北京地区多年平均全年雾凇日数为 1 ~ 6 天；其中以城区和东南郊为最多，均在 3 天以上，大兴区全年 5 ~ 9 天，为全市之冠。

历代重点雾与雾凇灾情

雾与雾凇所造成的灾害在古代影响较小，所以史籍中的记载也较少，尤其对雾凇的记载更少。雾与雾凇所造成的灾害对现代社会影响较大，受雾所影响最大的是交通运输，对输电线路也可造成“污闪”事故；而雾凇达到一定程度后，对树木和供电线路也具有很大的破坏力。如 1990 年 2 月 16 日至 19 日，连续 4 天出现大雾，造成电网发生严重“污闪”事故。16 日至 17 日，华北电网往北京供电的 8 条高压输电线路中，有 6 条高压输电线路掉闸断电，市内电网也有 29 条高压线路掉闸断电，8 个枢纽变电站发生故障。1991 年 11 月 28 日，大雾造成首都机场 50 多次航班延误，还有多起交通事故发生，损失很大。

历代雾与雾凇灾情：

金大定五年（1165 年）十月，大雾昼晦。

元泰定二年（1325 年）二月，京师大霜，昼雾。

元至顺元年（1330 年）二月，京师大霜，昼雾。

明洪武元年（1368 年）七月乙亥，京师黑雾，昏日冥不辨人物，自旦近午始消，如是者旬有五日。

明成化二年（1466 年）冬十一月，京都有若雾从东来，著树并草茎皆白。

明成化五年（1469 年），通州二月雾四塞，日无光。

明万历四年（1576 年）秋，密云、怀柔大雾伤枣。

清顺治元年（1644 年）春正月，京师大雨雾……

1990 年 2 月 16 日至 19 日，连续 4 天，北京乃至华北地区大雾弥漫，浓雾湿润输电线路绝缘体上的污染粉尘，使其绝缘性能降低，造成电网发生严重的大面积“污闪”事故。仅 16 日和 17 日两天，华北电网往北京供电的 8 条高压输电线路中，就有 3 条 500 千伏和 3 条 220 千伏的高压输电线路相继掉闸断电，只剩 2 条 220 千伏的线路勉强支撑。同时市内电网也有 12 条 220 千伏和 17 条 110 千伏高压线路先后掉闸断电，8 个枢纽变电站发生故障。为保证首都城市用电，对首钢、燕化等 200 个工业用电大户进行拉闸停电，对郊区进行限电。

1991 年 11 月 28 日，本市出现大雾，造成首都机场 50 多次航班延误。同日，京石高速公路定州大桥发生 24 辆汽车相撞的交通事故。

1992 年 8 月 19 日 5 时 50 分左右，因雾在京津塘高速公路北京段 28 公里处，发生一起 15 辆汽车相撞、3 人死亡、17 人受伤的特大交通事故。为此，该路封闭数小时，造成经济损失 100 多万元。事故原因是局地雾造成的。据司机介绍：出事时路段有重雾，方圆几十米内像一道薄屏障，视程仅 3 米，8 时 30 分雾消。

1994 年 11 月 17 日至 20 日，连续 3 天出现重雾（能见度小于 50 米）。交通管理部门分时段关闭京津塘及京石高速公路，增派交警 660 人次，增派巡逻车 260 辆次，机场路设置了临时限速标志。首都机场延误航班 127 个，滞留旅客 1.27 万人，取消航班 21 个，30 多架次飞机不能返航北京而滞留在上海、武汉等地。

1996 年 10 月 11 日，本市出现大雾，京津塘高速公路北京段发生 27 起汽车追尾事故，事故车辆 100 余辆，10 余人受伤。堵车时间长达 4 小时，堵车路程 10 余公里。

1996 年 11 月 3 日 2 时起，本市顺义、朝阳等地出现大雾，一直持续到中午，首都机场的 47 架次进港航班和全部出港航班受其影响，近万名旅客滞留机场。

1997 年 12 月 17 日 8 时起，由于大雾影响，能见度极低，在京津塘高速公路进京路段，连续发生两起 40 余辆汽车追尾事故，造成 9 人死亡、34 人受伤。大雾使得京津塘高速公路关闭 8 小时。17 日 20 时大雾更浓，能见度不到 100 米，民航管理部门不得不取消当晚 20 时至 24 时的全部航班，110 架次飞机无法进出首都机场，滞留旅客近 3000 人。

1998 年 10 月 30 日早晨，浓雾紧锁京城，机场高速路、京津塘高速路被迫关闭，等候进入高速路的车辆在入口处形成滞留带，造成三环路行车不畅。

1999 年 1 月 4 日，从 3 时起，大雾弥漫京城，给交通带来不便。首都机场最严重时能见度仅 20 米左右，航班无法正常起降，直到 11 时 16 分，第一架班机才起飞。该日约有 80 个航班被延误，滞留旅客 3000 多名。京津塘高速路和京石高速路清晨关闭。据市交通安全指挥中心人士介绍，大雾虽未造成重大交通事故，但小的剐蹭、追尾等事故接报案也达 30 余起。

2000 年 3 月 15 日上午，京城大雾，首都机场能见度不足 200 米。7 时至 10 时，所有进出港航班无一正常起降，滞留旅客数千人。

2000 年 8 月 24 日凌晨，京津塘高速公路北京至天津方向 57.5 公里处，局地浓雾，能见度不足 20 米。一辆载重 50 吨的长拖运煤车在采取躲闪措施时侧翻，高速公路全部封闭。紧随其后的车辆躲避不及，致使 85 部车连环相撞，1 人死亡，7 人受伤。

2001 年 10 月，朝阳、海淀、丰台、石景山和观象台 5 个气象观测站出现大雾天气长达 12 天，市区超过 4 级的污染日数有 3 天，大雾造成京津塘、京沈高速等多条高速公路被封闭，首都机场有多个航班延误。

2002 年 12 月 17 日至 24 日，延庆县八达岭、康庄地区连续

8 天出现雾凇，使得延庆县两路主要供电线路出现故障，康庄、八达岭地区停电 2 天，一路备用线路出现 1 次掉闸。

2003 年 9 月 8 日早晨 6 时 10 分，京津塘高速公路降大雾，能见度约为 150 米，6 时 15 分，能见度突然降到 50 米以下，进京方向 27 公里至 23 公里处最为严重，能见度不足 10 米。公安交通管理部门于 6 时 25 分迅速采取封路措施，避免事故的发生。经交管部门统计，当天早晨京津塘高速公路上的大雾，造成交通事故 19 起，1 人死亡，5 人受伤，3 辆车起火，46 辆车不同程度损坏。早晨 7 时 12 分至 31 分，东六环内环顺义至大兴方向 36 公里至 38 公里处，因为雾大、能见度较低，连续发生 5 起 12 车相撞事故，5 起事故共造成 9 人死亡、8 人受伤。

2004 年 10 月 7 日至 8 日，本市出现大雾天气，导致在南苑机场的法国空军特技飞行表演取消。11 月 30 日晚至 12 月 3 日，本市连续 3 天出现大雾天气，给城市交通带来诸多不利影响。京津塘、京沈高速等多条高速公路被封闭，首都机场有数百个航班延误，铁路客流明显增加。由于大雾弥漫至北京周边地区，来自河北张家口、承德以及山东等地的蔬菜运输车辆难以进京，使得部分蔬菜价格上涨。由于大雾的影响，空气中的可吸入颗粒物增多，空气质量明显下降，12 月 1 日和 2 日，本市空气质量均为中度重污染，3 日达重度污染。

2007 年 10 月 25 日至 27 日，出现严重的大雾天气，其中以 26 日的大雾最为严重，观象台最小能见度仅为 50 米。受大雾影响，首都机场大多数航班延误，大批出港旅客滞留，从 8 时到 11 时

30 分，计划离港航班 117 班，实际起飞 37 班；计划到港 110 班，实际仅降落 3 班。京津塘等 4 条高速公路及东、南六环临时封闭。大雾天气加重了北京城市空气的污染状况。

2008 年 5 月 18 日 5 时左右，由于大雾造成道路能见度较低，大兴区南六环外环路 71.1 公里处先后发生 5 起交通事故，造成 15 辆车相撞，2 人当场死亡，3 人重伤，10 人轻伤。

2009 年 11 月 5 日凌晨开始，北京及周边地区出现雾霾天气。6 日夜里至 7 日上午，雾霾天气明显加重。7 日早晨，北京城区大部分地区大雾弥漫，东南部出现了能见度小于 500 米的大雾天气，局部地区的能见度小于 50 米。受其影响，京沈、京开、六环、京石等 7 条高速公路封闭。11 月 29 日北京局部地区再次出现大雾天气，京沈高速进京路段发生 9 起连环交通事故，涉及 23 辆机动车，造成 2 人死亡、10 人轻伤。

2010 年 2 月 25 日，东北部怀柔、顺义等地区出现了大雾天气，最小能见度仅有 40 米。受大雾影响，首都机场出港航班延误 133 架次，取消了 9 架次。

积雪与雨淞灾害

积雪

雪覆盖地面达到观测者所在地四周能见面积一半以上时称为积雪。公路积雪，轻则影响车速，重则造成交通中断。当积雪达5～10厘米时，因路面湿滑，极容易发生交通事故。改革开放后，随着北京城市建设的发展，城市人口和机动车辆迅速增多，降雪之后如不及时清扫，即使2厘米深的积雪也可能使北京城市交通发生大堵塞，甚至瘫痪。北京平原地区年内开始积雪日期，平均为12月15日，最早为11月5日，最晚为翌年2月15日；年内积雪结束日期，平均为3月2日，最早为1月13日，最晚为4月7日。

平原地区平均年积雪日数14.3天。1956年最多，为36天；1982年最少，仅1天。

北京地区山区与平原地区年平均积雪日数有一定区别，平原地区平均年积雪日数为12～13天，山区为14～25天，佛爷顶海拔1224.7米，气温更低，平均年积雪日数多达41天。北京地区最大积雪深度，平原地区出现在1979年房山区的东南郊，为27厘米。山区深度比平原区大。1968年12月30日，房山区霞云岭最大积雪深度为35厘米。1990年3月20日至21日，房山区蒲洼乡最大积雪深度达 60 ~ 70 厘米，为北京有记录以来积雪深度之冠。

雨凇

雨凇是过冷却雨滴落到地面或地物上之后，冻结成均匀而透明的冰层，俗称冻雨。雨凇在地物上冻结积累后能够压断电线和电话线，严重的还会压断树木、冻死农作物和蔬菜。飞机在过冷却雨滴中飞行会因机翼、螺旋桨积冰而造成失事；地面和近地面层的凝结、凝华和冻结易造成飞机结霜、积冰；跑道潮湿或出现雾凇、雨凇，也会妨碍飞机安全起降。

北京地区很少出现雨凇，1951 年至 2000 年只有 13 个年度出现过雨凇，且都发生在 1954 年至 1987 年之间。持续时间 4 ~ 59 个小时不等。1987 年最长，达 59 个小时；1959 年最短，仅 4 个小时。

1987 年的雨凇灾害是历年最突出的一次。持续时间最长，其厚度或直径达 2 ~ 3 毫米，以致道路、树枝、电线上都冻结一层白色透明的冰层。给交通、运输带来极大麻烦。2 月 16 日和 17 日，市长途汽车线路分别停运 90 条和 180 条，市内公共汽车基本无法正常运行。16 日至 18 日，首都机场取消 70 架次航班，4000 多名旅客滞留在机场；北京铁路局有 18 次列车晚点。两日内交通事故显著增加，特别是骑车摔伤人数猛增，仅积水潭医院两天内就收治 448 人，其中 169 人骨折。门头沟区发生汽车相撞和汽车撞树事故各一起。16 日，雨凇还造成 5 条供电线路故障，损失数万元。

历代重点积雪与雨凇灾情

史籍中有关积雪与雨凇所造成的灾害记载也比较少，中华人民共和国成立后，记载才开始完备。积雪在北京地区所造成的灾害影响最大的是交通运输，其次是冻害。雨凇所造成的灾害主要是对树木和通信与输电线路的破坏，以及因道路结冰对交通运输所造成的影响。

东晋太宁元年（323年）十二月，幽、冀、并三州大雪。

明嘉靖四十三年（1564年）闰二月，京师大雪，四月雨雹。

明万历三十二年（1604年），延庆，冬，大雪。通州，三冬大雪，民多冻死。

清顺治九年（1652年）冬，通州大雪五尺，斗米价至一两银，民有僵死者。

清康熙五十七年（1718年），通州七月大雪盈丈。

清雍正五年（1727年）正月，延庆州大雪三日，深数尺，奇寒，人畜有冻死者。

清道光三十年（1850年）十月十七日，平谷县大雪，自此天气严寒数日。

1952年12月18日，本市降大雪，市区路面积雪深度达13厘米。因路滑发生交通事故25起，伤4人，损坏汽车7辆。

1955年3月5日至7日，本市出现雨凇，路面积冰，持续26小时35分，严重影响城市交通和市民出行。

1957年3月1日至2日，本市出现雨凇，路面积冰，持续

30 小时 42 分，严重影响城市交通和市民出行。

1962 年 2 月 9 日至 10 日，本市出现雨凇，路面积冰，持续 22 小时 10 分。

1965 年 2 月 18 日，本市出现雨凇，路面积冰，持续 9 小时 37 分，严重影响交通运输和市民出行。

1972 年 2 月 18 日，本市出现雨凇，路面积冰，持续 9 小时 42 分，严重影响交通运输和市民出行。

1979 年 2 月 22 日至 23 日，本市降雪，雪量 21.7 毫米，积雪深度 24 厘米，造成多起交通事故；因路滑摔伤人数剧增，仅积水潭医院骨折患者门诊量多达 500 多人。此外，丰台、海淀两区 10% 的蔬菜大棚被积雪压塌。

1987 年 2 月 16 日至 18 日，本市出现雨凇，持续 59 个小时。本市 16 日至 18 日，摔伤 448 人，骨折 169 人。16 日，长途汽车线路停运 90 条；17 日，停运 180 条。16 日至 18 日，18 列铁路客车晚点，民航机场取消进出航班共 70 个，约 4000 人滞留在机场。电线着雨积冰直径达 2 ~ 3 毫米，导致断线，市内 5 条供电线路被烧。城近郊区 12 小时内发生交通事故 28 起，伤 8 人，直接经济损失 8 万余元。

1991 年 11 月 26 日至 27 日，京津地区降雪，路面积雪。26 日 17 时至 27 日 8 时的 15 个小时之内，京津塘高速公路北京段发生 15 起交通事故，伤 15 人。同日，京哈、京良路北京段也相继发生 4 起多车相撞的重大交通事故，造成 1 人死亡、4 人受伤。事故原因主要是雪天车速过快。

1993 年 11 月 4 日，本市降大雪，京石高速公路关闭，民航机场十几个航班停飞，3 天不能正常运行，滞留旅客 1.3 万多人；仅朝阳、海淀、丰台三区，一天就发生 74 起公路交通事故。

1997 年 12 月 5 日，京城普降大雪。5 日 18 时至 6 日 8 时 30 分，全市因雪天路滑而发生大小交通事故 140 余起。

1998 年 11 月 21 日，全市普降中到大雪，因路面滑，致使八达岭、京津塘、京石、机场路等高速公路以及 110、108、109 国道和怀丰山区公路均相继关闭。机场关闭 5 小时，致使 200 多次航班延误或备降其他机场，近万名旅客滞留机场。因雪路滑致摔伤患者激增，仅从积水潭医院了解，因雪后路滑摔伤及因交通事故而骨折的患者日门诊量就达 300 多人。

2000 年 1 月 3 日至 5 日，本市降雪。4 日 15 时至 20 时，二环路、三环路发生多起交通事故。京石、八达岭高速公路，108、109、110 国道先后封闭。首都机场 1 月 5 日取消航班 25 架次，170 多架次延误。积水潭医院仅 4 日至 5 日两天就收治因雪摔伤患者达 1000 余人。

生物灾害

北京的生物灾害种类繁多，灾害频繁。历史上曾多次发生生物灾害而造成农作物毁种、绝收，或养殖业受重创。这些灾害屡见于北京古代典籍，记载颇多。从农作物生物灾害看，病、虫、草、鼠四大类灾害比较严重，而病害、草害所造成的问题比虫害和鼠害更加突出。据 20 世纪 90 年代对小麦、玉米、水稻 3 种主要农作物的 19 种生物灾害统计，每年耕地平均发生灾害 2264 万亩，经施行防治措施后，减少损失达 28.2 万吨，生物灾害造成的粮油作物产量实际损失 11.3 万吨。在北京市的养殖业生物灾害中，家畜疫病有 139 种，主要家畜疫病 24 种，其中猪病 12 种、牛病 5 种、羊病 3 种、兔病 4 种。疫病出现之后，通过加强防治措施，一般均可得到有效控制。

农作物生物灾害

农作物生物灾害对种植业生产影响很大，历史上因为暴发生物灾害所造成的农作物大面积毁种、绝收时有发生。即使在科学技术有了很大发展的今天，生物灾害对种植业生产仍然有着很大影响，生物灾害防治已成为种植业生产过程中不可缺少的重要环节。

北京农作物生物灾害种类繁多，据 20 世纪 80 年代中期至 90 年代初期的调查，常见农作物病虫草鼠害约有 649 种，其中小麦病虫 27 种，玉米病虫 19 种，水稻病虫 26 种，白薯病虫 7 种，高粱病虫 13 种，谷子病虫 12 种，食用豆病虫 32 种，贮粮病虫 26 种，油料作物病虫 40 种，棉花病虫 30 种，蔬菜病虫 172 种，特种蔬菜病虫 99 种，西甜瓜、草莓病虫 19 种，地下害虫 27 种，农田杂草 80 种，农林鼠害 20 种。

1978 年以后，随着社会发展和国内外交往的日益频繁，农作物种类不断引进，致使种植业的病、虫、草害种类也有增加之势。20 世纪 90 年代病虫草鼠害的种类已比传统自然农业时期增加了许多。如玉米疯顶病、禾谷孢囊线虫病、番茄溃疡病、黄瓜黑星病、大白菜根肿病、美洲斑潜蝇、三裂叶豚草、假高粱等都在北京地区相继出现。此外，由于耕作栽培制度的变化，药剂防治措施的实施以及农田建设的发展，使农田生态环境有了很大变化，为农作物病虫害的发生提供了新的条件。由于采取措施比较及时，通过综合防治，才基本有效地控制了北京地区农作物生物灾害的发生与危害。

在病、虫、草、鼠四大生物灾害中，北京地区的病害、草害相对较突出、较严重。在病害中，通过防治有的病害已取得较好的效果，有效地控制了对农作物产生的危害，有的甚至已达到消灭危害的程度。但某些病毒病、土传病害如根线虫类、疫病、枯萎病、菌核病等，至今仍没有较好的防治方法。虫害方面，地下害虫、蝗虫、黏虫等局部危害严重的情况仍然存在，但经过防治后，总体上危害程度已大大下降。而蚜虫类、虱类、潜叶害虫、蛀食害虫等危害仍然比较突出。

1949 年后，生物灾害防治工作取得重要进展。由于化学农药的普及，病虫综合防治手段的不断增强和农作物品种的更换，北京郊区的农作物病虫害已得到有效控制，有的病虫害已基本绝迹，化学农药的施用还大面积地解决了草、鼠对农作物的危害。20 世纪 70 年代以后，又积极研究开发农作物病虫害生物防治技术，既节约开支又减少环境污染。伴随科学技术的发展，对病虫害的预测预报工作也取得进展，使防治工作能够提前进行准备，把灾害降低到最小限度。在农业生产工作中，病虫害防治一直得到各级政府的高度重视，不仅建立健全了病虫害防治专业机构，还充实加强了专业技术队伍，对农作物病虫害开展调查、测报，加强科技研究，提高病虫防治技术，有效地控制了农作物病虫的危害，促进了农作物增产。

农作物生物灾害灾情举要

1949 年

年内，菜区危害严重的有猿叶虫、黄条跳甲、菜蚜、黄守瓜等害虫。病害以霜霉病、白粉病较突出。在大田作物产区，小麦条锈病，腥黑穗病、散黑穗病、秆黑穗病都有发生，以腥黑穗病为最重。因小麦条锈病中等偏重发生，减产严重。

1950 年

4 月，麦叶蜂幼虫危害小麦，先后有 16 个行政村 6250 亩麦田受害，发动群众约 1.3 万人次，采用簸箕兜捕方法捕打，共捕捉幼虫 1840 公斤，到 5 月初基本消灭。

年内，小麦条锈病特大流行，亩产仅 41.6 公斤，减产 41.8%。麦蚜大发生。地下害虫蝼蛄、金针虫、蛴螬危害突出，部分地块麦苗 70% ~ 80% 受害。飞蝗大发生，丰台、大兴危害最重。

1953 年

6 月，近郊玉米钻心虫大发生。朝阳区小红门单株有虫 81 头，许多春玉米由雌穗下折茎，只能做青玉米食用。开始用六六六药液灌心叶除治，杀虫效果达 80% 以上，为全国首创，为后来的心叶施毒砂颗粒开辟了道路。

6 月中旬，黏虫中等偏重发生，有 115 个村 1.6 万亩农作物发生黏虫灾害。25日，市委、市政府组织800多名干部下乡组织农民捕打。

7月中旬，丰台永合庄、北岗洼、赵辛店等地与河北省大兴县、良乡县交界处荒地和玉米地1700亩发生飞蝗。海淀区六郎庄、中坞等村1500亩稻田发生稻蝗。

年内，小麦线虫病、腥黑穗病发生较重。水稻干尖线虫病因从天津引“双马头”及“银访”稻种而传入北京市。

1954年

8月，近郊2.2万亩小麦由于条锈病严重，灌浆期又逢连阴多雨，招致减产，平均亩产仅53.5公斤。小麦腥黑穗病发生仍然较重。

年内，谷子钻心虫、玉米螟、高粱条螟发生严重，生产上开始大面积采用六六六防治玉米钻心虫。棉花苗期病害严重发生，7万亩棉田棉苗因病死亡0.5万亩。红麻因炭疽病发生严重，按中央农业部的通知在北京停止种植。

1956年

年内，小麦条锈病中等偏重发生，但轻于1950年。秋菜蚜虫和白菜软腐发生严重。由黑龙江引进马铃薯“白发财”品种，致环腐病传入北京市。棉铃虫发生面积占全市棉田总面积的58.7%。

1958年

6月，飞蝗发生严重。大兴区有15个村庄8.63万亩农田发生飞蝗。动用农药27万公斤、喷雾器436架，共防治4.5万亩农田，消灭 85% 以上。

年内，昌平小麦叶锈病流行，百善钟家营每平方米有 1424 片病叶。白菜病毒病和霜霉病流行。顺义北小营稻白背飞虱大发生，400 亩稻田受害减产严重。乐果乳油由北京农业大学研制成功，在生产上开始应用。

1959 年

年内，小麦生长后期条锈病中度流行，农垦部派出一架安 -2 型飞机在红星人民公社（南郊农场）的西红门、天恩、瀛海等大队的 0.6 万亩麦田喷洒石流合剂进行防治，同时试用人工喷雾对氨基苯磺酸钠防治小麦锈病。白菜病毒病和霜霉病中等偏重发生。顺义北小营稻白背飞虱大发生，400 亩稻田受害减产严重。

北京农业大学在海淀永丰公社太舟坞首次制成黏土颗粒剂，防治玉米螟效果很好。农业部组织山西、陕西、河南、内蒙古、天津、河北、北京等 7 省、自治区、直辖市进行草地螟联防。

1960 年

6 月，通县永乐店柴厂屯一带发生飞蝗 1 万多亩，先用喷粉炮 30 余门进行防治，因进度较慢后与河北省联防改用飞机防治，这是北京第一次使用飞机治蝗。

年内，二代黏虫大发生。麦收后严重地块幼虫将玉米苗吃光。北京农业大学安 -2 型飞机在永丰公社进行防治春玉米的二代玉米螟试验，面积 0.7 万亩，平均防效 61.7%，这是用飞机防治玉米螟的开始。

白菜病毒病和霜霉病为特大流行年，危害极重。郊区 35 万亩秋白菜发生夜蛾科害虫（银纹夜蛾、白菜夜蛾、斜纹夜蛾、地老虎等）危害。采用六六六加 DDT 防治后保护了秋菜正常生长。

1963 年

年内，京郊玉米螟、高粱条螟大发生，发生程度为近 10 年来最重的一年。山区 30 万亩春玉米被害株率达 10% ~ 20%，其余 140 万亩春玉米被害株率高达 50% ~ 70%，比一般年份多 20% 左右。夏玉米被害株率 30%，高粱被害株率 40%。为加强防治，市政府拨款 64 万元，又拨飞机防治款 17 万元，共防治春玉米 168 万亩，占春玉米的 92.9%；防治高粱 40 万亩，占高粱面积的 72.7%；防治夏玉米 20 万亩，占夏玉米面积的 54%。据调查防治比不防治的一般增产 16.5%，仅玉米一项就挽回损失 0.5 亿公斤。

小麦腥黑穗病危害仍很严重，如顺义河南村公社临河大队六生产队 100 多亩小麦亩产仅几斤。主要用赛力散拌种防治小麦腥黑穗病。

由于首次从棉枯、黄萎病区引入徐州 209 号棉籽在北京市推广，当年调查 22.7 万亩棉田发现有黄萎病。

使用飞机防治棉铃虫、稻瘟病、稻蝗、玉米螟、果树害虫等 3 万亩。

1966 年

年内，由于 6 月至 8 月雨水较多，招致当年引进中指的 10 万亩罗马尼亚杂交玉米小斑病大流行，造成严重减产。全市 120 万亩夏收作物二、三代黏虫大发生，间套作物绝大部分被吃光，部分地块的玉米和谷子被三代黏虫吃光成光杆。从山西引入徐州209号棉籽50万公斤，使棉花枯萎病、黄萎病发生更普遍。

1968年

6月，双桥农场管庄分场咸宁侯大队稻水蝇危害水稻十分严重。二代二化螟在黑庄户分场千亩稻田发生，受害重的稻田白穗率达8%。6月中旬，怀柔县琉璃庙公社老公营大队发生谷子负泥虫，密度很高，用敌百虫粉剂防治效果很好。

年内，昌平小汤山乡兴寿大队谷子粟秆蝇危害枯心率达80%。朝阳王四营公社观音堂大队居民区生产队350亩小麦中发现22亩麦田有毒麦，严重处呈点片发生，毒麦穗占80%，及时组织人力拔除了毒麦。

通县东定福庄、白庙西村发现棉球介壳虫。

1972年

水稻条纹叶枯病自1970年零星发生以来，年内，朝阳区双桥、高碑店一带大发生，仅双桥发病面积达0.5万亩，发病率10%以上。怀柔县二代黏虫大发生，数万亩套种玉米被吃成光杆。三代黏虫在延庆县大发生。小地老虎在朝阳区大发生，玉米毁种0.3万亩。大白菜三大病害大流行，霜霉病、病毒病发病率60%～100%。软腐病株率50%左右。大仓鼠在京郊农田猖獗。引种墨西哥小麦6.5万公斤，引种地块均有光腥黑穗病发生。

1976年

7月，露地番茄晚疫病和绵疫病发生严重，全市1.95万亩春番茄中有0.6万亩左右发病。

年内，小麦丛矮病发生 110 万亩，发病率秋季苗期 2.1%，春季苗期 13.6%。二代黏虫中等偏重大发生，发生 261.2 万亩，防治 263 万亩，吃光 2.3 万亩。茶黄螨在京暴发，造成茄子裂果严重。

顺义杨镇公社、南郊农场科技站开始利用赤眼蜂防治二代玉米螟的试验。其中，顺义县放蜂治螟面积 850 亩。

近郊开展了用青虫菌防治菜青虫的实验示范，效果很好。

1978 年

5 月，阴雨多、日照少，小麦相继发生叶枯病、白粉病、叶锈病、蚜虫等多种病虫，黏虫来得早、虫口密度大，二代黏虫发生面积达 282 万亩，全市吃光玉米苗 2.9 万亩。

1983 年

市植保站 6 月 1 日在丰台区西局首次发现茄子晚疫病。

年内，麦蚜轻度发生，全市飞机灭蚜 67.8 万亩。三代黏虫大发生；高粱蚜严重发生。市植保站应用 B.t 乳剂进行防治玉米螟试验；推广小麦辛硫磷拌种防治地下害虫。

大白菜黑腐病、软腐病严重发生，发病率达到 10% ~ 15%。推广小麦辛硫磷拌种防治地下害虫。

市植保站与北京航空学院、北京航校合作在中越公社试验应用蜜蜂三号轻型飞机防治稻蝗 400 亩，获得成功。

1986 年

麦蚜大发生，18.3 万公顷小麦蚜虫严重，发生早，蚜量大，危害期长。到 5 月末共防治 265 万亩，其中飞机防治 60 万亩。

9 月，朝阳区、海淀区、丰台区和昌平县大白菜霜霉病、黑腐病、软腐病和病毒病有不同程度发生，造成大白菜减产。

年内，茶黄螨为中等偏重发生，针对其上升趋势，开始列为测报对象。水稻白叶枯病严重发生，全市发病面积 8 万亩。

1989 年

年内，麦蚜中等偏重发生，全市防治 15.3 万公顷，其中顺义、昌平、通县、房山、大兴 5 个县 7 架飞机共防治 7.39 万公顷。小麦白粉病中等偏重发生，全市防治面积 110 万亩。水稻白背飞虱大发生。

1991 年

年内，小麦蚜虫中等偏重发生，局部大发生，全市发生面积 280 万亩，防治 283.68 万亩（次），其中飞机防治 157 万亩。小麦白粉病中等偏重发生，全市发生面积 217.4 万亩，防治 187.85 万亩。水稻生长后期白背飞虱大发生，全市防治 20 万亩。夏玉米化学除草 132 万亩，首次突破百万亩，比上年增加 45 万亩。全市推广生物防治 58.5 万亩，其中赤眼蜂防治玉米螟 34.5 万亩。小麦蚜虫飞防面积达 158 万亩，占防治面积的 56%，达到有飞防史以来的最高水平。

1998 年

年内，小麦蚜虫中等偏重发生，部分地区大发生，全市发生面积 256 万亩，防治面积 270 万亩（次）。二代黏虫中等偏重发生，发生面积 244 万亩，防治面积 206.5 万亩。玉米螟发生明显回升，二、三代玉米螟发生 250 万亩（次），防治 140 万亩（次）。玉米褐斑病、弯孢菌叶斑病发生面积均在 100 万亩左右，推广“卫福”玉米拌种防治 207 万亩。小麦赤霉病、黄矮病、黑颖病等偶发性病害在部分地区流行，造成一定损失。

2000 年

开展春季农田灭鼠工作，全市防治面积达 262.5 万亩。

早春由于低温冻害（4 月 5 日最低气温 1.8℃，地温 -3.7℃），造成房山、大兴等县区小麦发生根腐病，导致植株少量烂根及大量叶片干枯现象，发生面积约 5 万亩。

6 月，在平谷县北扬桥乡首次发现雀麦危害小麦，为了防止扩散蔓延给农业生产造成重大损失，及时组织有关人员进行了处理。延庆官厅水库、密云水库干旱区、怀柔喇叭沟门、七道河等北京北部山区蝗虫暴发，发生面积 8.3 万亩。蝗虫密度，密云一般在 50 ~ 100 头 / 平方米，严重者达 800 头 / 平方米；延庆一般在 20 ~ 30 头 / 平方米，严重者达 80 头以上 / 平方米；怀柔山区成片发生，一般一片达千头，高者一片达万头以上。主要种类：密云、延庆 90% 以上为稻蝗，其他还有黑背蝗、尖翅蝗、菱蝗、东亚飞蝗，怀柔以小车蝗为主。全市防治工作在 6 月 22 日至 30 日，共防治 6.3 万亩（次），防效在 95% 以上。

6 月中旬，小麦吸浆虫在房山暴发，发生面积 1000 余亩，其中受害严重的约 100 余亩，病穗率为 100%，病粒率 39.4%，平均单穗有虫 4.3 头，多的单穗有虫 15 头。

8 月，顺义、通州区中草药黄芪种植地块普遍发生根腐线虫，害虫密度较大，对黄芪危害严重，造成一定的产量损失。

烟粉虱原主要在南方危害烟草、棉花，1999 年传入北京，2000 年 8 月至 10 月，在京郊迅速扩展，大白菜、油菜、菜豆、茄子等近 20 种夏秋露地蔬菜普遍发生，以菜豆和大白菜虫情较重，虫株率 93% ~ 100%，平均虫口密度分别为 1800 ~ 6400 头 / 百叶和 520 ~ 4800 头 / 百叶。特别是大兴、通州区尤为严重。

9 月至 10 月，密云、顺义、通县等地甜菜夜蛾暴发，危害作物主要集中在秋播苜蓿和蔬菜上，虫量大，危害严重。据 9 月 15 日至 18 日对苜蓿田调查，全市平均田间虫量为 20 ~ 50 头 / 平方米，顺义、通县、昌平、密云部分田间虫量高达 100 头以上 / 平方米，卵块 0.5 块 / 平方米。

年内，小麦蚜虫中等偏重发生。

粮食作物病虫害

北京地区小麦、玉米、水稻的主要病虫害有近 50 种。小麦有锈病、小麦白粉、小麦黑穗病、小麦黄矮病、小麦丛矮病、麦蚜、地下害虫等。玉米有玉米螟、黏虫、玉米大斑病、玉米小斑病、玉米丝黑穗病等。水稻有稻瘟病、水稻白叶枯病、水稻纹枯病、水稻条纹叶枯病、水稻二化螟、白背飞虱等。此外还有蝗虫危害，也是历史上最重要的虫害。

小麦病虫害

小麦是北京地区的主要粮食作物，而病虫害是影响小麦产量的重要因素之一。小麦病虫害的发生与品种抗病虫特性、气候条件、防治措施等关系密切。20 世纪 50 年代小麦病虫害以锈病、黑穗病、地下害虫为主，发生特别严重。20 世纪五六十年代至 70 年代初期，以条锈、地下害虫为主。70 年代至 80 年代初，由于小麦品种更替，在发生地下害虫的同时，白粉病、麦蚜危害逐渐加重。80 年代以后，麦蚜、白粉病上升为主要病虫害。

玉米病虫害

北京地区玉米病虫害主要有玉米螟、黏虫、玉米大斑病、玉米小斑病、玉米丝黑穗病、高粱蚜虫等。20 世纪 50 年代以前，对玉米病虫由于没有有效的防治方法，病虫害危害比较严重，个别地块甚至绝收。50 年代以后，逐步推广普及科学防治技术，病虫危害逐渐减轻。

水稻病虫害

北京地区水稻病害较多，主要有稻瘟病、水稻白叶枯病、水稻纹枯病。虫害主要有水稻二化螟、白背飞虱等。

水稻产量所造成的损失一般以第二代虫为重。20 世纪 60 年代开始对二化螟的发生进行监测、预报，为及时防治创造了条件。80 年代前期推广粗秆品种，二化螟危害又呈增长趋势。1981 年、1982 年大发生，1983 年至 1996 年中等偏重发生。由于重视防治工作，抓一代，控二代，及时打药，大部分稻田二化螟的危害基本得到控制。

其他粮食作物病虫害

蝗虫

蝗虫是一种杂食性害虫，因蝗虫危害可导致禾苗尽损，茎秆秃光，颗粒无收，是历史上一种重要的农业生物灾害。造成灾害的蝗虫有几十种，历史上暴发成灾的主要是中华飞蝗，土蝗可在个别年份造成局部危害。中华人民共和国成立后，京郊农田成灾年份较少。1958 年飞蝗发生较重，6 月，大兴 15 个村 8.63 万亩农田发生飞蝗，密度一般每平方米蝗蝻 40 ~ 60 头，严重的 170 ~ 200 头。1967 年，延庆康庄土蝗发生严重，虫量每平方尺达 20 余头。1984 年，密云水库由于连年干旱水位下降，露出大片荒地，形成蝗虫滋生基地，发生面积 3000 亩。2000 年 6 月，库区及北部山区蝗虫暴发，主要分布在延庆官厅水库、密云水库周边、怀柔喇叭沟门、七道河山区，发生面积 8.3 万亩。全市防治工作在 6 月 22 日至 30 日进行，共防治 6.3 万亩，防效在 95% 以上。

杂粮病虫害

北京郊区种植的杂粮主要包括谷黍、高粱、薯类和豆类等。危害杂粮的病虫与病虫害主要有黏虫、地下害虫、红蜘蛛等；粟白发病、粟黑穗病、粟红叶病、粟灰螟，高粱黑穗病、高粱叶斑病、高粱蚜和高粱条螟，大豆菟丝子、大豆真菌性叶斑病、大豆根结线虫病、大豆病毒病、大豆食心虫、豆夹螟、大豆蚜，甘薯黑斑病、甘薯天蛾、甘薯麦蛾。

蔬菜病虫害

20 世纪 50 年代中期以前，北京的菜田面积有 8 万亩左右，到 2000 年达到 20 万亩。蔬菜病虫害的发生随着种植面积的扩大和蔬菜保护地面积的增加呈逐年加重趋势。

大白菜病虫害

大白菜曾经是北京市民冬季的当家菜，种植面积多时突破 24 万亩。改革开放后，随着农业发展，蔬菜品种日益丰富，20 世纪 90 年代大白菜种植面积逐年减少。在大白菜种植中，病虫防治一直是大白菜生产的主要技术环节。

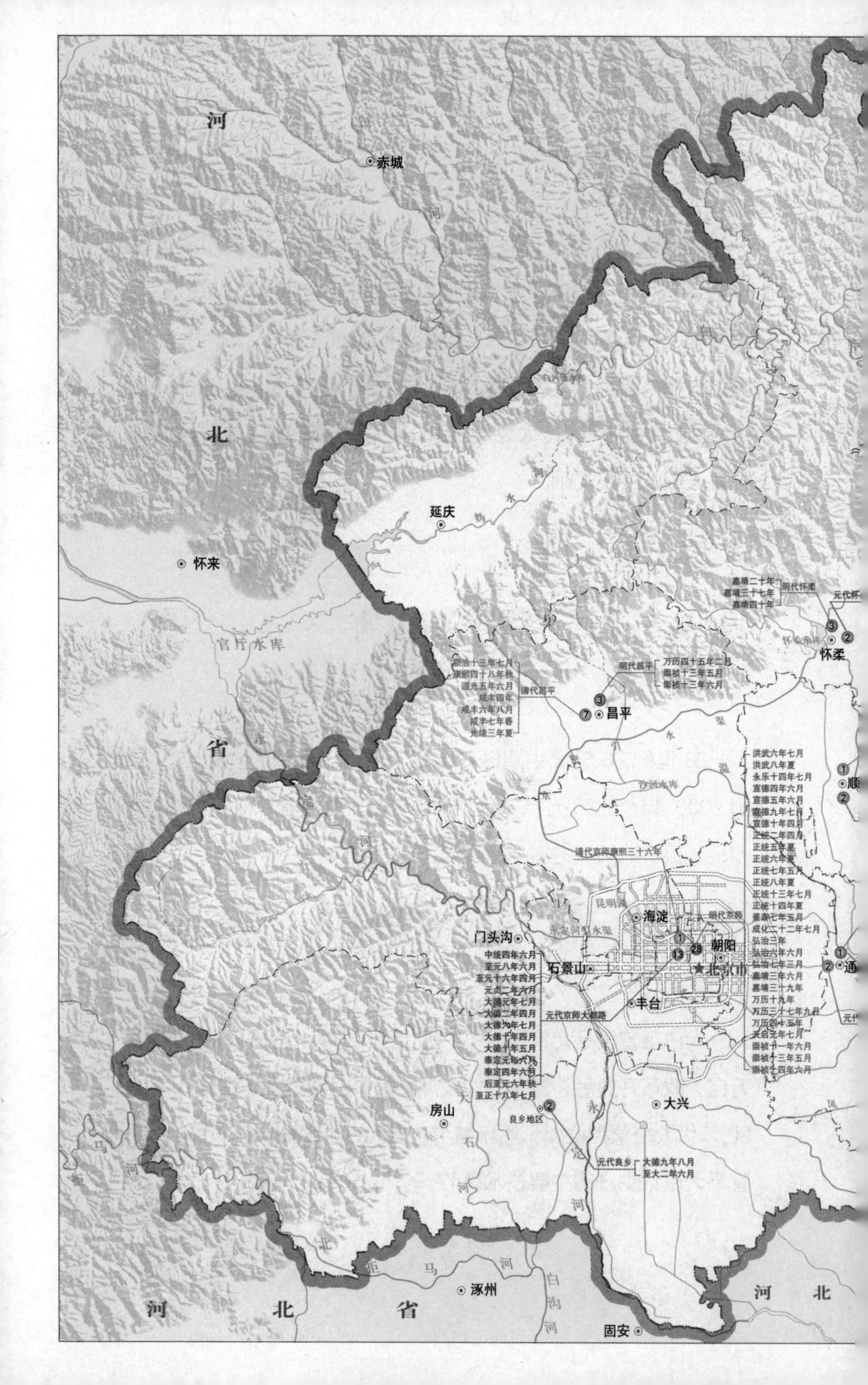
河
赤城
北
延庆
怀来
官厅水库
白河堡水库
省
嘉靖二十年
嘉靖三十七年
嘉靖四十年
明代怀柔
怀柔水库
3
2
怀柔
万历四十五年二月
崇祯十三年五月
崇祯十三年六月
明代昌平
顺治十三年七月
康熙四十八年秋
道光五年六月
咸丰四年
咸丰六年八月
咸丰七年春
光绪三年夏
清代昌平
3
7
昌平
沙河水库
洪武六年七月
洪武八年夏
永乐十四年七月
宣德四年六月
宣德五年六月
宣德九年七月
宣德十年四月
正统二年四月
正统五年夏
正统六年夏
正统七年五月
正统八年夏
正统十三年七月
正统十四年夏
景泰七年五月
成化二十二年七月
弘治三年
弘治六年六月
弘治七年三月
嘉靖三年六月
嘉靖三十九年
万历十九年
万历三十七年九月
万历四十五年
天启元年七月
崇祯十一年六月
崇祯十三年五月
崇祯十四年六月
1
顺
2
清代京师康熙三十六年
昆明湖
海淀
明代京师
永定河引水渠
门头沟
1
28
朝阳
13
石景山
北京市
1
2
通
中统四年六月
至元八年六月
至元十六年四月
元贞二年六月
大德元年七月
大德二年四月
大德九年七月
大德十年四月
大德十年五月
泰定元年六月
泰定四年六月
后至元六年秋
至正十八年七月
丰台
元代京师大都路
房山
2
良乡地区
大兴
元代良乡
大德九年八月
至大二年六月
拒马河
涿州
白沟河
固安
河北省
河北

元、明、清北京地区蝗灾记录分布图

大白菜病害

20 世纪 50 年代至 70 年代，对大白菜生产危害最大的有十字花科病毒病、十字花科霜霉病和十字花科软腐病，称为白菜“三大病害”。十字花科病毒病是大白菜的主要病害，也是十字花科蔬菜的重要病害。

大白菜的“三大病害”北京地区多次发生流行，1952 年、1958 年、1960 年、1961 年、1972 年、1975 年为大流行年。特别是 1972 年，病害发展快、面积广、病情重，霜霉病发病率 60% ~ 100%，软腐病发病率 50% 左右。1976 年京郊开始推广白菜杂交种，对减轻“三大病害”起了重要作用，以后虽然多年未出现全市性的“三大病害”大流行，但由于种植技术和品种的原因，每年仍有因“三大病害”减产的地块。1983 年霜霉病、软腐病中度流行，1986 年、1989 年病毒病、霜霉病中偏重流行。其中，1986 年病害对白菜生产造成了明显损失，近郊平均每亩损失 13%。

除“三大病害”外，因推广的某些杂交种对十字花科黑腐病、黑斑病抗病能力差，使黑腐病、黑斑病有了明显发展，上升为大白菜的主要病害。80 年代，北京地区大白菜病害比较活跃，重要病害发展为“五大病害”，病害流行频率较高，1982 年、1983 年、1986 年、1987 年、1988 年、1989 年共有 6 年病害大发生。

20 世纪 90 年代前期，因推出大白菜系列工程，大白菜病害得到一定控制。除 1990 年黑斑病中等偏重发生外，未出现明显病害流行年。90 年代后期，由于大白菜系列工程推出的措施实施力度大大减弱，抵御病害的能力随之降低，远郊大白菜细菌性角斑病已成为常发性病害，但发生时间较短，对产量影响较小。

大白菜虫害

京郊大白菜害虫种类较多，按其发生情况大致分为以下几类：

常发性害虫：菜蚜、菜青虫、跳甲发生比较普遍也比较严重。蚜虫在秋白菜上发生较重，1950 年、1951 年曾大发生。从常年发生情况看，大白菜蚜虫中等发生的频率最高，大发生的频率最低。

局部性害虫：20 世纪 80 年代后，小菜蛾发生呈上升趋势，但并不普遍，仅在局部叶菜类连茬种植地区发生较突出，成为常发、普发性害虫。

偶发性害虫：主要有甘蓝夜蛾、甜菜夜蛾、菜叶蜂、草地螟、菜螟等害虫。

新发生害虫：1980 年后，有 4 个年份大白菜害虫大发生，即 1987 年蚜虫大发生，部分白菜田被腻瘫；菜叶蜂平日很少见，1991 年在京郊大白菜中大发生；1997 年 8 月，大白菜害虫种类杂、发生面广、虫量大、危害重、防治困难，为多年罕见，常发性蚜虫、菜青虫发生量超过历年水平，特别以偶发性甘蓝夜蛾、甜菜夜蛾危害突出，百株虫口超过百头，还有小菜蛾、草地螟、菜螟、跳甲等危害；1995 年发现的美洲斑潜蝇也是国外传入的一种新害虫。

番茄病虫害

番茄是京郊种植的主要蔬菜，20 世纪 70 年代以前，以春播露地为主，冬季温室生产很少，所以番茄病虫害发生较轻，仅番茄晚疫病、番茄叶霉病偶尔发生，棉铃虫、蚜虫也可造成一定危害，病虫情况无突出发生记录。20 世纪 60 年代末塑料薄膜覆盖技术开始在京郊菜田应用，70 年代，番茄病虫害种类开始增加，危害加重。由于保护地设施为晚疫病病菌、传毒蚜虫越冬提供了有利场所，使得晚疫病、病毒病成为番茄的主要病害，番茄叶霉病、番茄早疫病也有所发展。70 年代中期，白粉虱、茶黄螨一度危害加重，上升为番茄的主要虫害。露地番茄晚疫病、病毒病、绵疫病、棉铃虫也有过大发生记录。80 年代，京郊保护地发展迅速，逐渐形成露地、保护地生产并重格局，除原有的晚疫病、病毒病、棉铃虫、蚜虫、白粉虱、茶黄螨等病虫害频繁发生，危害较重外，早疫病、叶霉病上升为主要病害。此外，新出现的番茄灰霉病、菌核病、溃疡病等病害的发生则呈逐渐上升趋势，并与晚疫病成为冬、春保护地番茄主要病害。90 年代，蔬菜生产逐步放开，种植结构趋于多样化，加之外地蔬菜大量进京，番茄面积特别是露地番茄面积逐渐减少，露地番茄病虫害已不再对番茄生产构成严重威胁。保护地番茄面积在生产中仍占较大比重，其中灰霉病为冬、春保护地番茄病害之首，美洲斑潜蝇对番茄的危害也很严重。

除了上述番茄晚疫病、病毒病、灰霉病之外，还有其他一些病害危害番茄的生产，如番茄早疫病、番茄叶霉病在 70 年代末、80 年代初逐渐发展起来，成为番茄的常发性病害。早疫病近郊以保护地为重，远郊除危害保护地外，在春露地番茄发生较重；叶霉病 80 年代以前主要发生在保护地，80 年代以后露地发生也逐渐增多，此两种病害虽不致造成毁灭性危害，但也造成一定产量损失。

黄瓜病害

瓜类蔬菜种类和品种繁多，周年种植，栽培方式复杂，多种病虫害相互传染，对生产威胁很大。北京瓜类蔬菜病害（不包括西瓜、甜瓜、西葫芦）有57种之多。黄瓜发生的病害较多，其中以黄瓜霜霉病和黄瓜白粉病危害较重。黄瓜霜霉病传播快，发展迅速，菜农称之为“跑马干”，主要危害叶片，严重时病斑相互连接，造成全叶枯黄而严重减产。50年代严重危害温室和露地早熟黄瓜，后由于引种了抗病的地方品种和多抗性的杂交一代种，霜霉病危害大为减轻。但60年代后由于保护地面积不断扩大，给霜霉病的发生和发展创造了新的有利条件，至2000年一直是黄瓜生产上的重要病害。

此外，黄瓜白粉病、黄瓜疫病、黄瓜枯萎病、黄瓜炭疽病、黄瓜菌核病、黄瓜角斑病等病害也时有发生。

经济作物病虫害

除粮食作物和蔬菜外，北京郊区种植面积和病虫害发生面积较多的还有棉花、花生和西瓜等经济作物。

棉花病虫害

棉花苗期病害有棉花炭疽病、棉花立枯病、棉花红腐病、棉花褐斑病、棉花角斑病等，其中危害比较普遍而严重的是立枯病和炭疽病，特别是在潮湿低温条件下更容易流行。1954年春季低温多湿，近郊7万亩棉花中有5000亩全部枯死重种。枯萎病和黄萎病在北京地区棉田也曾发生。1963年大量引种“徐州209”后，黄萎病发病加重。1973年7月，市农林局组织人员对9个植棉较多的县发生的枯萎病、黄萎病进行普查，在30万亩棉田中，有5.95万亩发病，成灾的有1.2万亩，通县梨园公社的重病田发病率高达88%。据试验结果，棉籽用硫酸脱绒后，结合用“402”药剂拌种，对防治枯萎病有良好效果。

花生病虫害

花生病虫害主要有花生叶斑病、花生病毒病、花生蚜。

花生叶斑病每年都有发生，过去农民认为是衰老成熟的标志，因而基本不防治。后密云县农业局通过试验，采用托布津、多菌灵等药剂进行防治，使单株果数增加，果重提高，亩产可增加50公斤左右。

花生病毒病是偶发性病害。1949年后，发生较重的年份有1978年、1984年、1985年和1994年。4次发病密云都是重点发病区，其次是大兴和房山。其中以1985年较重，发生面积

2200 亩，病株率高达 100%，平均减产两成以上。

花生蚜是花生的主要虫害，花蕾期危害严重。从 60 年代开始用药剂进行防治，80 年代改用氧化乐果和菊酯类药剂，兼有防治病毒病的效果。

蛴螬主要危害幼苗，50 年代开始用砒霜毒谷防治，后改为六六六粉毒土，80 年代改用辛硫磷、呋喃丹进行防治。开花结荚期棉铃虫危害重时，主产区也采取药剂防治措施。

西瓜病虫害

20 世纪 50 年代初，郊区瓜田面积仅有 3000 余亩，1956 年扩大到 1 万多亩。70 年代以后，需求量不断增加，种植面积不断扩大。1977 年为 3.7 万亩，1984 年达 14.4 万亩。以后逐渐减少，到 1995 年降为 7.68 万亩。

西瓜病害较多，苗期有西瓜猝倒病、西瓜立枯病；开花坐瓜后西瓜枯萎病严重，生长中后期有西瓜疫病、西瓜蔓枯病、西瓜叶枯病、西瓜炭疽病、西瓜白粉病和西瓜叶斑病等。50 年代以前，除避免连作、加强田间管理外，没有其他有效的防治方法。中华人民共和国成立后，逐步采用“双效灵”“多菌灵”等药物预防和防治，危害程度逐渐减轻，有的病害已能初步得到控制。

西瓜虫害种类很多，有地老虎、蝼蛄、蛴螬、金针虫、蚜虫、种蝇、黄守瓜、蓟马等。地下虫害的防治主要是秋季深耕翻土，消灭越冬幼虫或蛹；施用腐熟的有机肥料；实行水旱轮作；清除田间或地边杂草，消灭寄主；人工捕杀或药物除治，撒布毒土、毒饵。蚜虫可喷施乐果、菊酯类杀虫剂防治。

农田草害

农田草害是指农田杂草对农作物所引起的危害。农田杂草多生长于水田、旱地、田埂、地边，与农作物争夺养分和水分，影响光照和空气流通，恶化农作物的生存环境，最终造成农作物减产和品质下降。许多杂草还是传播病虫害的中间寄主。

麦田草害

麦田杂草主要为一年生杂草，局部麦田有越年生杂草危害。北京郊区麦田杂草已知有 128 种，隶属 35 科。造成危害的主要杂草有藜、扁蓄、打碗花、居草、荠菜、播娘蒿，其次还有酸模叶蓼、小藜、小花糖芥、鸭跖草、独行菜、刺儿菜等。在局部严重危害麦田的杂草有卷茎蓼、猪殃殃、离子草、麦家公、米瓦罐、碱茅草、问荆、滨藜、网草等。全市性分布的杂草主要有藜、小藜、打碗花、居草、荠菜、酸模叶蓼等几种。山区、丘陵还有卷茎蓼、猪殃殃、鸭跖草、刺儿菜等，平原区还有扁蓄、独行菜、播娘蒿、小花糖芥等。

80年代以前，麦田杂草群落以藜、小藜、荠菜、扁蓄为主；80年代以后，杂草群落多为打碗花、居草、播娘蒿、小花糖芥、卷茎蓼等，且以2～3种组成群落，局部麦田的离子草、米瓦罐、麦家公等杂草发展也很快。

麦田杂草对小麦生长发育影响很大，由于杂草与小麦争夺水分、养分和光照，从而导致小麦穗数、穗粒数和千粒重下降。当麦田杂草危害程度达到轻度（2级）危害时，小麦减产2.8%；中度（3级）危害时，减产6%；中度偏重（4级）危害时，减产35%；严重（5级）危害时，减产41%。常年麦田可发生杂草危害面积约占小麦种植面积的75%，如不防治可对小麦造成严重减产。

麦田杂草防治过去主要依靠人工除草，在小麦苗期，通过锄地松土除草，有的在小麦生长中后期进行人工拔除杂草。80年代开始大面积推广化学除草，麦田化学除草的普及，大大节省了除草成本，有效地控制了杂草危害。

玉米田草害

玉米田杂草以一年生杂草为主。玉米田的杂草已知有134种，隶属30科，造成危害的主要杂草有马唐、牛筋草、稗草、狗尾草、金狗尾草、反枝苋、葎草、龙葵、鳢肠、铁苋菜、打碗花、藜、马齿苋、黄颖莎草、小飞蓬、蓼等。玉米田杂草大多数为全市性分布的杂草，少数种类如尼泊尔蓼、水棘针、半夏、棉团铁线莲，分布面较窄。

郊区常年玉米田可发生杂草危害面积平均约占玉米种植面积的 90%。如不及时防治，当杂草危害程度达到轻度危害时玉米平均减产 6%，中度危害时平均减产 15%，较严重危害时平均减产 22.7%；严重危害时平均减产 34.1%。

玉米是中耕作物，杂草防治主要是结合中耕培土，通过机械和人工进行除草。20 世纪 80 年代后期化学除草推广以后，夏玉米基本普及了化学除草，除草效果大为提高。

稻田草害

杂草对水稻生产危害很大。稻田杂草有 112 种，隶属 37 科，造成危害的杂草主要有稗草、异型莎草、头状穗莎草、球穗扁莎、红鳞扁莎、牛毛毡、眼子菜、鳢肠、狼把草、耳叶水苋、多花水苋、野慈姑等。水层下的主要杂草有苦草、小茨藻、金鱼藻、水绵等。

稻田杂草的危害程度受地理环境、栽培方式、管理水平及防治措施的综合影响，不同地区发生的程度也不同。稗草是北京地区稻田发生最普遍的杂草，当危害程度达到轻度危害时可造成水稻减产 19.9%，中度危害时可减产 27.1%，较严重危害时可减产 36.8%，严重危害时可减产 39.8%。

稻田除草最初主要是人工方式，20 世纪 70 年代开始推广稻田化学除草，80 年代化学除草逐步得到普及，使稻田除草效率大大提高。稻田化学除草在插秧缓苗后，多数药剂可与细土混匀，保持浅水层撒药，进行土壤药剂封闭。

菜田草害

蔬菜作物种类繁多，全年栽培，水肥条件好，所以菜田杂草种类多,数量大,危害严重。北京地区菜田杂草有30个科129种。百合科和散形花科蔬菜除草不及时，会造成蔬菜严重减产，甚至绝收。其他蔬菜杂草危害造成的减产也相当严重。韭菜育苗可因草害而毁种，老根韭菜可因草害减产20% ~ 30%；胡萝卜可因草害减产50%以上，甚至造成毁种；大蒜和洋葱可因草害减产10%以上；茄子不进行除草可减产70%。此外，草害还增加了菜田用工，降低产品质量。

蔬菜除草最初以人工除草为主，80年代后开始使用化学除草，90年代，使用化学除草已包括百合科、伞形花科、茄科、豆科、十字花科、葫芦科、菊科、藜科等8个科的蔬菜，几乎涉及所有蔬菜种类。

花生田草害

花生田杂草以一年生杂草为主。已知杂草的种类有34种，隶属18科。花生田杂草常年发生的面积约占种植面积的65.5%，其中2级危害面积占27.4%，3级危害面积占24.4%，4级危害面积占7.8%，5级危害面积占5.9%。马唐是花生田危害最严重的杂草，当花生植株在5厘米范围内生长1株马唐时，花生将减产17.5%，生长2 ~ 3株马唐时可减产40%，生长4株马唐时可减产66%。

花生田杂草可结合中耕培土，通过机械和人工进行防治。80年代开始推广花生田化学除草，除草方法可分为土壤药剂封闭和苗期茎叶药剂处理两种方法。地膜覆盖栽培对杂草生长有一定抑制作用，可以降低杂草危害程度。

农田化学除草

在采用化学除草以前，农田杂草防治主要是在农作物苗期通过人工除草、畜力或机械结合中耕除草以及采用轮作、土壤耕作、选种等传统方法来防治。进入20世纪80年代以后，化学除草逐渐成为农田杂草防治的主要方法。北京农田化学除草开始于60年代初，1962年至1969年为试验示范阶段，在少数农场和人民公社开展稻田、麦田、玉米田化学除草试验示范工作。1970年至1977年为有组织的推广阶段。90年代农田化学除草进一步推广普及，1995年达到540.2万亩。90年代后期，由于农作物种植面积减少，化学除草面积有所下降。

农田鼠害

鼠害是严重危害农业生产的生物灾害。据调查，北京市郊区 90 年代每年农田发生鼠害 300 万亩以上，在不防治的情况下，损失粮食与油料 1 亿公斤以上，农村损失储粮 2500 万公斤以上。害鼠还造成大量干鲜果品损失，一些树木死亡，并传播疾病。

农田鼠害的发生情况

1972 年大仓鼠在京郊农田发生猖獗，有关部门也有简单记录。1981 年大仓鼠、褐家鼠在房山、延庆大发生，延庆城关、沈家营、下屯等乡和房山岳各庄、周口店、石楼、交道等乡的许多村边种的玉米、向日葵籽粒被吃光，危害十分严重。1982 年，中国科学院动物研究所调查表明黑线姬鼠在京郊已成为优势种群，老鼠总捕获率为 3.6% ~ 11.9%，其中黑线姬鼠占 46% ~ 93%；房山捕获率达 21.5%，大仓鼠占 82%，玉米减产严重。1983 年，由市爱国卫生运动委员会和市农业局组成灭鼠领导小组。市植保站用英国的大隆做了灭鼠试验，效果良好。

20 世纪 90 年代前北京地区的农田优势鼠种为黑线姬鼠，广泛分布于各类型生态环境中，尤其在湿度比较大的农业区更为严重。20 世纪 90 年代前郊区农田灌溉主要以大水漫灌为主，土壤湿度较高，有利于黑线姬鼠的生存。90 年代后，北京的农田优势鼠种发生了变化，大部分平原地区由黑线姬鼠转变为大仓鼠。由于大仓鼠体形大，食量高，且有贮粮的习性，对农业生产危害更为加重。

根据市植保站和区县植保部门的调查，1996 年顺义、通县、平谷、延庆和房山有些农田仅大仓鼠平均一亩地就有 2 ~ 3 只，一只大仓鼠秋季盗储粮食油料即有 15 ~ 20 公斤，春播期间盗食播种的粮油种子，咬坏幼苗，造成缺苗断垄，对产量影响相当严重。据 1997 年秋季的调查，大仓鼠平均占捕获鼠总量的 54.8%，成为北京地区的优势种。

北京地区害鼠种类主要有黑线姬鼠、大仓鼠、褐家鼠、小家鼠、黑线仓鼠、花鼠和岩松鼠。

农田鼠害防治

北京最早在 1980 年开始进行农田害鼠防治药剂试验、示范研究工作。1982 年农业部植保局召开全国农田灭鼠会，成立全国农田灭鼠领导小组，正式把农田害鼠防治工作列入植保工作范围，植保工作由病、虫、草防治发展为病、虫、草、鼠的综合防治。1986 年农业部植保总站在北京召开全国农田灭鼠学术讨论会，对北京的农田灭鼠工作起到了积极推动作用。针对平原地区黑线姬鼠和大仓鼠等鼠害，1986 年秋开始进行防治试验示范，为农田灭鼠提供了多种防治技术，为大面积推广溴敌隆农田灭鼠技术和开展大规模灭鼠奠定了基础。

自 1986 年开展农田鼠情调查工作以来，在坚持搞好测报工作，充分掌握鼠情及发展趋势的基础上，积极开展灭鼠工作。1993 年农田害鼠密度回升，对农业生产和人民身体健康构成了威胁，农业部和全国爱国卫生运动委员会联合下发了《关于加强农村灭鼠工作的通知》，北京于 1994 年开始连续 4 年在全市统一进行大范围农田灭鼠工作。1995 年 3 月 20 日至 4 月 20 日，参加灭鼠的共有 11 个县区，完成灭鼠总面积 280.6 万亩，超过计划灭鼠面积 250 万亩的 12%，是北京开展农田灭鼠以来面积最大的一年。经各县区植保站和各乡镇科技站对 56 个点 6876 个鼠夹的调查，防治效果为 83.3% ~ 97.3%，平均为 91.34%，达到了保粮防病的双重要求。到 1997 年，每年灭鼠面积都有增加，4年累计全市防治面积达967万亩(次),残留鼠密度均压低到1.0%以下，达到了灭鼠保粮防病指标。4 年累计培训投药人员约 3 万人次。在全市推广的溴敌隆农田灭鼠技术，农田灭鼠在全国居先进水平。市农业局还与有关专家联合提出建议，取缔邱氏鼠药，整顿鼠药市场秩序，理顺了鼠药市场的混乱局面，有利于保护生态环境。

1990 年至 1999 年，北京农田鼠害调查与防治工作取得重要进展，积累了大量资料，使北京的农田害鼠测报防治工作走在全国前列。其中害鼠数量测报每年从 4 月初开始到 11 月初结束，防治工作 1990 年后从未间断，10 年期间总防治面积达 1580.68 万亩。

林业生物灾害

北京林业和果树的发展主要是 1949 年以后，截至 1994 年，北京市的林木覆盖率由中华人民共和国成立初期的 1.3%，增加到 41.9%。随着林业和果树面积的不断增加，林业和果树的病虫害种类也在不断加大，给林业和果树生产造成了相当大的经济损失。在京郊林木病虫害中，油松毛虫、舞毒蛾、天幕毛虫等害虫在五六十年代即有发生，但不太严重，没有形成灾害。大面积发生病虫害是从70年代末期开始的。自1980年至1999年，郊区林木病虫害发生面积平均每年达30万~50万亩，最高时达到100万亩。经常给北京林木造成危害的虫种有：油松毛虫、舞毒蛾、春尺蠖、黄连木尺蠖、延庆腮扁叶蜂、毛胫埃尺蠖、天幕毛虫、刺蛾类害虫、蚜虫、柳毒蛾、杨雪毒蛾、杨扇舟蛾、杨小舟蛾、栎掌舟蛾、栎粉舟蛾、落叶松红腹叶蜂、松梢螟、松梢小卷蛾、光肩星天牛、桑天牛、双条杉天牛、沟眶象、白杨透翅蛾、柏肤小蠹等害虫。危害较为严重的病害有杨树溃疡病、杨树腐烂病、梨桧锈病、杨树落叶病等。

北京地区果树病虫种类，在1981年至1983年全市病虫普查中确定，鲜果病害有62种，虫害77种；干果病害28种，虫害45种。主要病害有苹果腐烂病、苹果果实病害（轮纹、炭疽、干腐型烂果病等）、苹果早期落叶病（圆斑、灰斑、褐斑病）、梨黑星病、桃褐腐病、葡萄霜霉病、葡萄白腐病、柿子圆斑病、板栗疫病、核桃枝枯病、枣疯病等。主要虫害有山楂红蜘蛛、苹果红蜘蛛、桃蚜、苹果黄蚜、苹果瘤蚜、桃小食心虫、梨小食心虫、梨木虱、茶翅蝽象、金纹细蛾、桃潜叶蛾等害虫。干果类虫害有板栗红蜘蛛、舞毒蛾、核桃举肢蛾、黄连木尺蠖、柿蒂虫、柿绵蚧、日本双棘长蠹、栎掌舟蛾等。

20世纪50年代，北京地区的梨黑星病、核桃举肢蛾、柿子圆斑病发生严重，群众称“二黑一杵”，大面积果园受害，有的没有收成。苹果小吉丁虫、透翅蛾、苹果食心虫危害也很严重。60年代，苹果红蜘蛛、山楂红蜘蛛、核桃瘤蛾、枣尺蠖、草履蚧危害加重，苹果红蜘蛛上升为重要害虫。70年代后期，草履蚧连年发生，苹果腐烂病发生较重。枣疯病在1978年、1979年发生较为严重。板栗疫病1979年、1980年在怀柔、密云、昌平发生严重，老树发病率达92.3%。80年代初，梨星毛虫、杏星毛虫、柿毛虫（舞毒蛾）在山区发生，80年代末期黄连木尺蠖在北部山区严重发生，面积达35万亩。1995年至1999年全市的桃树受桃潜叶蛾危害，平均年发生面积达10万亩。

1984年至1994年，北京地区果树平均每年发生病虫害251.2万亩。其中鲜果病虫害年平均为186.2万亩，干果65万亩。年平均防治453.6万亩（次），其中鲜果防治398.5万亩（次），干果防治55.1万亩（次）。防治面积达500万亩以上的年份有1989年、1991年和1994年。

果树病虫害很多，历年都有发生，对果树产量影响很大。1942年前后，怀柔发生吉丁虫、铁炮虫、红蜘蛛灾害，致使长元、连花池、慕田峪一带果树受害严重，几无收成。1943年至1944年，怀柔大水峪村的红霄梨遭受包叶虫之害，加之干旱，使80%的梨树枯死。1948年至1951年，怀柔梨树虫害蔓延成灾，致使黄花城至一渡河一带梨树连年减产90%以上。

1962年，门头沟区有13个公社44个大队发生核桃瘤蛾，1963年，蔓延到19个公社。全区70%以上的核桃树受害，危害较重的有6万余株，其中树叶被全部吃光的有5700余株，几乎吃光的有 1.7 万余株。1965 年，核桃瘤蛾在 6 个公社 24 个队再次发生，一般复叶被害率在 50%左右，严重的达 100%。而且虫口密度大，色树坟公社西马各庄生产队核桃瘤蛾虫口密度达 128 头／株。清白口公社清白口大队自 1959 年发生核桃瘤蛾以来，核桃产量逐年减少，1962 年仅产 5500 公斤。

1978 年，京郊板栗突然暴发栗瘿蜂害，受害面积达 40 万亩，500 余万株，涉及怀柔、密云、延庆、昌平、平谷、房山等区县。其中昌平下庄、黑山寨乡栗树芽被害率达 70% ~ 80%，严重地块达 98%，减产 60%以上。为消灭虫害，首次使用了飞机防治，应用超低量喷药防治林果 12 万多亩，较好地控制了栗瘿蜂、红蜘蛛等林果害虫。

对果树危害比较大的病虫害有苹果腐烂病、螨类虫害、蚜虫类虫害、板栗红蜘蛛、桃小食心虫。

养殖业生物灾害

主要家畜生物灾害

自 1950 年以来，北京地区发生的家畜疫病有 139 种。从疫病的发生频率和危害程度上划分，主要家畜的常见疫病有 24 种。

其中，猪病 12 种：猪瘟、猪传染性胃肠炎、猪细小病毒病、猪巴氏杆菌病、猪丹毒、猪密螺旋体痢疾、猪喘气病、仔猪副伤寒、仔猪黄痢、仔猪白痢、仔猪红痢、猪弓形虫病等；牛病有 5 种：牛结核病、牛布氏杆菌病、牛传染性胸膜肺炎、牛传染性鼻气管炎、牛流行热等；羊病有 3 种：蓝舌病、羊痘、羊梭菌性疾病等；兔病有 4 种：兔病毒性出血症、兔巴氏杆菌病、兔波氏杆菌病、兔魏氏梭菌病等。

猪病

猪瘟　猪瘟是一种急性、热性、接触性传染病。主要传染源是病猪、病死猪和带毒猪。当病猪的分泌物、排泄物以及被污染的饲料、饮水、用具等，经消化道、呼吸道感染到健康猪后，即会发生本病。

北京很早就有猪瘟流行，但无文字记载。据市畜牧兽医总站 1951 年后的疫情统计资料：50 年代，猪瘟在全市都有流行，波及 14 个郊区县，9 年累计死亡猪 578757 头。60 年代发生过两次猪瘟。一次是 1963 年，在 13 个区县 184 个乡镇流行，疫点多达 810 个，死猪 66303 头。另一次是 1968 年，猪瘟防疫工作受到很大影响，全市 11 个区县 45 个乡镇发生猪瘟，有疫点 112 个，死猪 24147 头。猪瘟流行广泛，传染性强，发病率、死亡率高，始终是猪病防治的重点。90 年代后，猪瘟在北京已被稳定控制。

猪传染性胃肠炎　猪传染性胃肠炎的主要传染源是病猪和带毒猪。污染饲料、饮水、空气、土壤、用具等，通过消化道和呼吸道传染给易感猪。多年实践证明，从疫区引猪常是本病暴发的主要原因。本病在北京市20世纪80年代以前为季节性流行，90年代后呈散发。

1958年首次在北京门头沟区发现本病，1963年传入密云，主要在略庄、河南寨、慕田峪一带流行。70年代末至80年代初在石景山、丰台、海淀、大兴、朝阳、昌平、顺义等区县广泛流行。20世纪80年代后，由于饲养条件改善、饲料质量提高以及猪传染性胃肠炎疫苗的广泛应用，猪传染性胃肠炎流行已被控制，但在冬季仍存在散发现象。

猪细小病毒病 猪细小病毒病以流产、产化脓和木乃伊胎、羽仔，以及不孕为主要特征。本病的主要传染源是病猪和带毒猪。该病多发于规模猪场，种母猪多出现存栏降低情况。引进的国外品种的母猪发病明显多于本地猪和杂交猪。20世纪80年代前，猪细小病毒病在我国无报告。1982年北京开始发生猪细小病毒病。1988年在新建的规模猪场中广泛流行。其原因是规模化饲养猪场刚刚建立，引进大批种猪，导致本病严重发生，一度给猪场造成很大损失。

牛病

牛结核病 结核病是由结核杆菌引起的人、畜共患的慢性传染病，主要侵害牛，但亦感染人、羊、猪等。20世纪50年代初期，奶牛结核病在北京曾一度流行。

1953年对部分奶牛结核检疫471头，阳性率为17.62%。1956年1月公私合营西郊畜牧场结核检疫1158头，阳性反应牛325头，阳性率28%。1956年5月西直门俄侨经营的石金奶牛场75头奶牛全部是结核病牛。

牛布氏杆菌病 布氏杆菌病是一种人、畜共患的传染病，主要侵害牛生殖系统。怀孕母牛临床发生胎儿流产、胎衣停滞、子宫疾患及繁殖障碍等，导致患病母牛失去饲养价值；公牛患病后因睾丸炎症及能传播该病而丧失种用价值。

20世纪50年代初期，北京饲养奶牛虽然较少，但已发现有奶牛流产现象，说明有布氏杆菌病存在。当时奶牛除几个国有农场、院校等饲养少量奶牛外，其余都是在私营奶牛户饲养，牛群质量很差。布氏杆菌病的存在，既危害奶牛的繁殖，又危害人、畜健康。

牛传染性胸膜肺炎（牛肺疫） 牛传染性胸膜肺炎，又称牛肺疫。临床症状是体温升高，呼吸困难。1950年至1964年，北京共发病1493头，死亡839头。1956年奶牛公司公私合营以后，由于并群合场而发生牛肺疫，发病30头，死亡7头。余下23头病牛亦全部淘汰处理。为防止牛肺疫蔓延，1959年全市对奶牛进行牛肺疫兔化弱毒苗免疫接种，并改进奶牛场的防疫卫生条件，控制了该病在奶牛场的流行。

20世纪90年代以后，由于加强对牛肺疫的监控，未发现有临床病牛，牛肺疫病已得到有效控制。但在北京周围地区肉用牛中仍存在带菌而不发病牛。

羊病

蓝舌病 蓝舌病是家养及野生反刍动物急性、热性传染病。主要发生于绵羊。山羊、牛为隐性带毒，不显临床症状。其特征表现为发热、白细胞减少，口、鼻腔和胃、肠道黏膜呈溃疡性炎症变化。主要为口腔、舌呈蓝紫色，故称蓝舌病。

蓝舌病是国家一类传染病，是世界各国重点防范的传染病。1988 年中国农科院畜牧所在房山送的 10 只山羊的冷冻精液到青岛动物检疫所化验时，其中 8 只为蓝舌病阳性，经临床观察，阳性羊无任何临床症状。本病的发病率为 30% ~ 40%，死亡率一般为 2% ~ 30%，有时可达 90%。多由于并发肺炎或胃肠炎而死亡。

羊痘　羊痘是由一种高度传染性疾病。其特征是皮肤和某些部位的黏膜发生痘疹，痘破溃后结痂，痂脱落即康复。无继发感染，死亡率不高。

羊痘多发于山羊，绵羊较少发生。春秋季流行，传染很快。一旦流行，全群都能发病，损失较大。北京发病的死亡率在 18% ~ 45%。

20 世纪五六十年代北京曾流行严重。延庆、密云、平谷、门头沟、昌平、丰台、海淀、通县曾经发生过。由于加强防御措施，1965 年以后此病基本不再流行。

羊梭菌性疾病　羊梭菌性疾病是由梭状芽孢杆菌属中的微生物所致的一类疾病，包括羊快疫、羊肠毒血症、羊猝狙、黑疫、羔羊痢疾等病。这些疾病都能造成急性死亡，对养羊业危害很大。

兔病

兔病毒性出血症　兔病毒性出血症又名“兔瘟”，是兔的一种高度传染性疾病。本病在新传入地区一般呈大流行方式，传播迅猛。

一旦传入后，常以地方性流行或以散发形式发生。3 月龄以上青年兔和成年兔感染发病后，极少能生存，往往呈毁灭性流行。

北京最早发现兔病毒性出血症是 1985 年三四月间，地点在房山。5 月开始较大规模流行，年底，波及门头沟、丰台、海淀、朝阳等区县 18 个乡和一些机关单位，损失 18 万元。后兔瘟在北京的传播共波及 14 个郊区县。

兔巴氏杆菌病 兔巴氏杆菌病是由多杀性巴氏杆菌引起的，可表现为鼻炎、地方流行性肺炎、全身性败血症、中耳炎、子宫积脓、睾丸炎等不同的临床类型。多杀性巴氏杆菌是条件性致病菌，当饲养管理不善、兔舍潮湿拥挤、长途运输以及其他疾病等导致兔体抗病力下降时，可引起巴氏杆菌病暴发。发病率在 20% ~ 70%，死亡率较高。

兔波氏杆菌病 兔波氏杆菌病是兔最常见和广泛传播的疾病，以慢性鼻炎和支气管肺炎为特征。本病可分为鼻炎型和支气管肺炎型两种。本菌除感染兔外，还可感染豚鼠、鼠、狗、猫、马、猴等多种动物，也可感染人。带菌动物和病兔是本病的传染源，当兔舍内阴暗潮湿、通风不良、有害气体刺激、外界温差变化大，兔患伤风感冒，饲养管理不良，以及出现其他并发病时，都可促使本病发生和流行，并且常和巴氏杆菌病并发。

此病 1982 年曾在丰台种兔场发现。本病鼻炎型常呈地方流行，支气管肺炎型多呈散发性。

主要家禽生物灾害

自1950年以来，北京地区发生有记载的家禽疫病有60种。以家禽疫病的发生频率和危害程度划分，主要疫病有21种。其中，鸡病有12种，即鸡新城疫、传染性喉气管炎、传染性支气管炎、鸡马立克氏病、传染性法氏囊病、禽霍乱、鸡产蛋下降综合征、禽痘、鸡白痢、鸡大肠杆菌病、鸡葡萄球菌病、禽伤寒等；鸭病有9种，即禽霍乱、鸭病毒性肝炎、鸭瘟、禽沙门氏菌病、曲霉菌病、感冒、鸭传染性浆膜炎、禽葡萄球菌病、副大肠杆菌病等。

鸡病

鸡新城疫　鸡新城疫又叫亚洲鸡瘟，是高度接触性和毁灭性急性败血性传染病。主要特征为呼吸困难、下痢、神经机能紊乱、黏膜和浆膜出血。本病主要侵袭鸡、乌鸡和火鸡，其他禽类也可感染。

本病的传播途径主要是呼吸道和消化道，鸡蛋也可带毒而传播。创伤和交配也可引起传染，非易感的野禽、外寄生虫、人、畜可机械地传播本病。鸡新城疫病对北京市养鸡业的危害甚大。1956年，本病在12个区县的48个乡发生，发病130846只，死亡128814只，死亡率为98.4%，造成重大损失。1974年，本病又在8个区县的13个乡暴发，发病504000只，死亡48090只，死亡率9.54%。

传染性喉气管炎　传染性喉气管炎是由病毒引起鸡的一种急

性呼吸道传染病。其特征是呼吸困难，喉部和气管黏膜肿胀、出血并形成糜烂。传播快，死亡率高。

在自然条件下，本病主要侵害鸡，各种年龄鸡均可感染，以成年鸡症状最典型。野鸡、孔雀、幼火鸡也可感染。病鸡和康复后的带毒鸡是主要传染源，经上呼吸道及眼内传染。鸡舍拥挤，通风不良，饲养管理不善，维生素 A 缺乏，寄生虫感染等都可以诱发和促进本病的传播。本病在易感鸡群内传播很快，感染率 90% ~ 100%，死亡率 5% ~ 70%，平均在 10% ~ 20% 之间。

1989 年，本病在 3 个区县的 6 个乡暴发，发病 36037 只，死亡 13554 只，死亡率 37.6%；1991 年，北京市 6 个区县的 19 个疫点共发病 36806 只，死亡 8464 只，死亡率 23%。

传染性支气管炎 鸡传染性支气管炎是高度接触性呼吸道传染病。其特征是病鸡咳嗽、喷嚏和气管发生啰音。产蛋减少，蛋质下降。本病只有鸡、乌鸡发病，以雏鸡最为严重。一般以 40 日龄以内雏鸡多发，死亡率也高。

1993 年，北京市两个区县的两个乡发生本病，发病 32543 只，死亡 27230 只，死亡率 83.7%；1994 年，本病又在 3 个区县的 3 个乡发生，发病 28636 只，死亡 20893 只，死亡率 73%。

鸡马立克氏病 鸡马立克氏病是由病毒引起鸡的肿瘤性疾病。增生的淋巴细胞侵入鸡的内脏器官、神经干、皮肤、肌肉和眼，以形成肿瘤为特征。鸡马立克氏病遍布世界各国，很少有未被感染的鸡群。其死亡率约 25% ~ 30%，最高可达 60%。除鸡、乌鸡外，鸭、火鸡、珍珠鸡也可自然感染。被污染的场地可在较长时间保持传染性。易感鸡通过直接接触而感染。其他鸟禽类也可传播此病。法氏囊、传染性贫血病毒可增加马立克氏病的发病率。

本病1987年在北京市10个区县45个乡的105个疫点大范围发生，发病302028只，死亡277038只。

禽伤寒 禽伤寒是由鸡伤寒沙门氏菌引起的一种败血性传染病。主要特征是肝肿大呈青铜色，其他与鸡白痢相似。

此病虽然比较普遍，但多为散发，以成年鸡感染为主，病死率为10% ~ 50%，是影响成年鸡产蛋和造成死亡高的原因之一。此病多发于鸡，也可感染火鸡和鸭。传染环节等与鸡白痢相似。

鸭病

禽霍乱 急性败血性禽霍乱是一种急性败血症传染病，发病率和死亡率很高，有时也出现慢性病型。鸡和鸭最易感染此病，鹅的感染性较低。

鸭子在经过长途运输，或饲养管理不好、营养不良，或阴雨潮湿、天气突变的情况下，致使抵抗力降低时容易诱发此病，造成流行。本病在北京市部分鸭场曾有流行。1971年北郊农场鸭场发生此病，几天内死亡1000余只。

鸭病毒性肝炎 本病是一种急性传染病，病原体是一种过滤性病毒。10日龄内雏鸭死亡率最高。饲料管理不当，缺乏维生素、矿物质饲料，鸭舍内湿度过大，鸭的饲养密度过大等可促使本病的发生。小鸭肝炎病主要通过呼吸道和消化道传染。患此病的雏鸭是主要传染源。

20世纪70年代初，北京莲花池鸭场接待各地鸭场人员参观，曾带来小鸭肝炎，每年死亡1000余只。经采取各种措施，才逐渐得到控制。

鸭瘟 鸭瘟又叫“大头瘟”，是由鸭病毒引起的一种急性败血性传染病。以番鸭、半番鸭最敏感，成年鸭发病率较高，母鸭在产蛋季节发病率和死亡率都高。

此病一年四季均可发生，但以春夏之际和秋季流行严重。低洼潮湿地区更易发生和流行此病。被病鸭的排泄物及其尸体组织所污染的土壤、水、饲料、用具等都是重要传染媒介，带毒鸭也是传播此病的重要因素。

禽沙门氏菌病 本病是一种急性或慢性传染病，主要侵害幼禽。在天气过热，维生素缺乏、矿物质的代谢作用被破坏，或营养不良时易感染此病。一般10日龄至21日龄的雏鸭发病率最高，死亡率低的为10% ~ 20%，高的达80%。病鸭和带菌鸭是主要传染源，其他动物如鼠类沙门氏菌病也是重要传染源。被细菌污染的场地、饲料、饮水、饲养工具以及往来人员等都可能是传播本病的途径。

渔业生物灾害

北京渔业最初多为天然捕捞，从20世纪50年代开始出现水库放养，进入80年代之后，大面积商品鱼基地陆续建成，北京渔业生产的重点由水库放养向池塘放养转移。随着渔业生产的发展，高密度的集约化养殖再加上各地之间品种的引进交流，鱼病的发生与传播概率明显上升，对鱼类生产产生了重大危害。

渔业灾害种类

鱼病灾害 鱼病的防治是渔业减灾防灾工作的重点。特别是进入20世纪80年代以来，随着生产的发展，鱼病的防治有了新的提高。广大水产科研人员通过鱼病调查，结合京郊渔业生产实际，有针对性地加强了鱼病防治工作的研究，取得了一些可喜的成果。但有些危害较大的鱼病如暴发性鱼病，还有待进一步的研究。

鱼病类型 鱼类发病可由生物病原和非生物因素引起。按病原的性质，鱼病大致可以分为传染性鱼病、侵袭性鱼病和其他因素引起的鱼病三大类型。

1990年4月至1991年10月，北京市水产科学研究所和鱼病防治站对10个区县23个渔场的鱼病流行情况进行了调查，结果显示北京郊区共发现鱼病46种，其中传染性鱼病20种，侵袭性鱼病22种，其他因素引起的鱼病4种。传染性鱼病危害最为严重，其中15种最突出，主要是出血病、胰脏坏死病、脾脏坏死病、暴发性鱼病、打印病、腹水病、赤皮病、烂鳃病、肠炎病、疖疮病、竖鳞病、白云病、烂尾柄病、白头白嘴病、白皮病等，占传染性鱼病的75%。侵袭性鱼病发现寄生虫的种类较多，但感染强度不大，危害较大的有7种，主要是车轮虫病、斜管虫病、小瓜虫病、黏孢子虫病、三代虫病、指环虫病，占侵袭性鱼病的31.8%。其他因素引起的鱼病主要以气泡病危害较严重。

此外，因长期饵料不足所引起的饥饿和营养不良也能引起各种鱼病发生，常见的如跑马病、萎瘪病，患病鱼逐渐消瘦最终死亡。

鱼病疫情

1. 草鱼“三病”

草鱼“三病”是指烂鳃、赤皮、肠炎等三种传染性病状。草鱼在鱼种小长阶段，极易患烂鳃、赤皮、肠炎病，使鱼种的成活率降低。北京地区草鱼夏花到鱼种阶段，进入夏季高温季节，由于防治措施不当，患“三病”较严重的使鱼种成活率降至20%～30%。草鱼“三病”常见并发症，尤以烂鳃、肠炎病为重。

2. 鲤鱼白云病

鲤鱼白云病是一种传染病，流行时间为每年4月至5月份。1986年，密云水库九松山网箱养鱼发生鲤鱼白云病，并与竖鳞病、疖疮病、水霉病并发，在水温10℃～16℃条件下发病率高达65%～90%。1987年，密云、怀柔、海淀的网箱养鱼发现鲤鱼白云病，发病率在40%～90%，在房山区流水越冬池中也发现鲤鱼白云病，发病率为85%～90%，死亡率20%～40%。

3. 鲢鳙鱼腹水病

鲢鳙鱼腹水病是一种发病急、来势猛、危害大的传染性流行病，无论春夏均可感染，引起鱼种死亡。1987年8月中旬，通县张家湾渔场、丰台区南洼渔场、密云县渔场、顺义县后沙峪渔场由于池塘施用有机肥时，未采取发酵、消毒措施，导致大批鱼种死亡。通县张家湾渔场20多天死亡鲢、鳙鱼种10多万尾。

4. 鲢鳙鱼出血病

1982年秋，通县水产养殖场200亩鱼种池发生大规模出血病，死亡鲢鳙鱼种约5万公斤，直接经济损失10万余元。1990年，通县徐辛庄渔场因鱼病造成的直接经济损失就达 15 万元。北京南郊、东郊几个渔场也发现此病。

5. 孢子虫病

孢子虫病是一种常见的鱼类寄生虫病，在鱼体器官和组织中常有寄生，形成大量胞夹，影响鱼类生长发育或导致苗种死亡。1991 年，通县徐辛庄渔场发生大面积孢子虫病，5 月中旬全场 80％的食用鱼发现孢子虫病。每天死鱼达 1500 公斤左右。7 月 20 日至 8 月 15 日全场共死鱼 3.7 万公斤，大部为鲢鱼，损失达 10 万元。

6. 鲢鳙鱼暴发性鱼病

鲢鳙鱼暴发性鱼病是指病因不清、来势凶猛的大面积死鱼现象。暴发性鱼病虽属罕见，但因“束手无策”，损失之大已成困扰水产养殖业的一大难题。1989 年，北京市发生鲢鳙鱼暴发性鱼病，死鱼约 3 万公斤，南郊农场死鱼 1 万公斤。1990 年，北京市发生暴发性鱼病的池塘有 800 多亩。通县徐辛庄渔场、梨园渔场、姚家园渔场、西北门渔场等先后发生鲢鳙鱼暴发性鱼病，姚家园渔场 7 号鱼池 5 天内死亡鲢鱼就达 50％以上，西北门渔场死亡鲢鱼 1 万公斤。

风灾

大风给渔业造成的灾害主要波及网箱养鱼。由于网箱养鱼属高密度集约化养殖，网箱浮设在水面表层，特别是在冰雪融化季节，如遇大风，网箱极易遭受大风的侵袭，网箱被毁，造成损失。

1989 年，密云水产养殖场 4.36 亩网箱养鲤，网箱设在密云水库三号坝北侧，当年生产成鱼 18 万公斤，亩产 4.13 万公斤。1990 年 3 月 14 日遭受 6 ~ 7 级大风侵袭，网箱正处风口，大风吹动大冰块，直奔网箱而来。10 毫米钢丝绳被撞断，8 个网箱被风推上小山，全部网箱被风吹得横七竖八，网箱被撕破，发生跑鱼事故，损失严重。这次风灾共损失 19 箱鱼种，跑掉鱼种 4.4 万公斤，损失 12 箱成鱼，跑掉成鱼 2.8 万公斤，两项共计 7.2 万公斤，经济损失达 41.5 万元。

水灾

1988 年夏，房山区暴雨成灾，山洪泛滥，使流水养鱼遭受巨大损失。

1994 年 7 月 12 日凌晨至 13 日上午，受第六号台风外围云系及偏南暖湿气流影响，全市普降大到暴雨，局部地区出现特大暴雨，主要集中在顺义、密云、平谷、通县一带。特大暴雨使北运、蓟运等河系相继涨水。暴雨中心区的泃河、金鸡河、箭杆河、顺三排水沟等均超过 20 年一遇洪水标准，造成房屋倒塌，公路、桥梁被冲毁，淹没、冲毁顺义、平谷、通县等区县鱼池 1300 公顷（2 万亩），损失惨重。

参考书目

北京市地方志编纂委员会编著:《北京志・政务卷・民政志》，北京出版社 2003 年 4 月第 1 版

北京市地方志编纂委员会编著 :《北京志・自然灾害卷・自然灾害志》，北京出版社 2012 年 11 月第 1 版

北京市地方志编纂委员会编著 :《北京志・自然灾害卷・地震志》，北京出版社 2014 年 10 月第 1 版

北京市地方志编纂委员会编著 :《北京志・气象志（1994—2010）》，北京出版社 2018 年 4 月第 1 版

北京市房山区地方志编纂委员会编 :《房山区抗击“7・21”特大自然灾害纪实》，北京出版社 2013 年 7 月第 1 版

后 记

北京是我国首都，也是自然灾害发生较多的都城之一，在古今典籍中对此多有记述。第一轮《北京志》中有关于自然灾害的志书就有多部。本书的编纂主要依据《北京志·自然灾害卷·自然灾害志》，此外还参考了《北京志·自然灾害卷·地震志》和第二轮志书中的《北京志·气象志（1996—2010）》等志书。

《北京灾害史略》是《京华通览》之一种，根据丛书的编纂规范和要求，我于2017年9月开始编写，2018年12月成稿。在本书的编写中，得到了本丛书副主编谭烈飞老师的指导和帮助，以及王岩对书稿的修改和梳理。在此一并感谢。

错谬之处，在所难免，请各位读者不吝赐教。

2018年2月